LIZI
ZHONGZHI JISHU

李子种植技术

《云南高原特色农业系列丛书》编委会　编

本册主编◎张永平

YUNNAN

GAOYUAN

TESE

NONGYE

XILIE

CONGSHU

U0391447

云南出版集团

YNKJ 云南科技出版社

·昆明·

图书在版编目（CIP）数据

李子种植技术 /《云南高原特色农业系列丛书》编委会编 . -- 昆明 : 云南科技出版社 , 2020.11（2022.4 重印）
（云南高原特色农业系列丛书）
ISBN 978-7-5587-2994-2

Ⅰ . ①李… Ⅱ . ①云… Ⅲ . ①李—果树园艺 Ⅳ . ① S662.3

中国版本图书馆 CIP 数据核字 (2020) 第 208076 号

李子种植技术

《云南高原特色农业系列丛书》编委会　编

责任编辑：唐坤红　洪丽春
助理编辑：曾　芫　张　朝
责任校对：张舒园
装帧设计：余仲勋
责任印制：蒋丽芬

书　　号：ISBN 978-7-5587-2994-2
印　　刷：云南灵彩印务包装有限公司印刷
开　　本：889mm×1194mm　1/32
印　　张：3.875
字　　数：98 千字
版　　次：2020 年 11 月第 1 版
印　　次：2022 年 4 月第 2 次印刷
定　　价：22.00 元

出版发行：云南出版集团公司　云南科技出版社
地　　址：昆明市环城西路 609 号
网　　址：http://www.ynkjph.com/
电　　话：0871-64190889

编 委 会

主　　任：高永红

副 主 任：张　兵　唐　飚　杨炳昌

主　　编：张永平

参编人员：薛春丽（红河学院）

　　　　　施　强（红河州林业草原局）

　　　　　张　桦　施菊芬

审　　定：林海涛

编写学校：红河职业技术学院

前　言

　　李子是蔷薇科李属植物，别名嘉庆子、布霖、玉皇李、山李子。产于辽宁、吉林、陕西、甘肃、山东、四川、云南、贵州、湖南、湖北、江苏、浙江、江西、福建、广东、广西和台湾地区。生于海拔400～2600米的山坡灌丛中、山谷疏林中或水边、沟底、路旁等处，为重要温带果树之一，其果实7~8月成熟，饱满圆润，玲珑剔透，形态美艳，口味甘甜，是人们最喜欢的水果之一，世界各地广泛栽培。

目　录

第六篇　整形修剪

第七篇　病虫害及其防治

第八篇　花果管理、采收与储藏

第一篇　李子概述

一、李子栽培历史及分布

（一）栽培历史

李子栽培范围广泛，品种丰富，在我国，栽培的李树主要为中国李，栽培已有3000多年的历史，《诗经》《齐民要术》中记载李子品种31个，其中郁黄李、牛心李、紫李、青李等近20个品种至今仍在各地沿用。中国李原产中国，分布于全国各地，三华李、芙蓉李和木隽李，可在高温、高湿的南方生长发育；东北美丽李、绥棱红李等能耐-30～-40℃的低温。

（二）分　布

李树是温带果树中对气温适应性很强的树种。以云南、河北、河南、山东、安徽、山西、江苏、湖北、湖南、江西、浙江、四川、广东、辽宁等地栽培较多。中国李不仅在中国分布广且栽培历史悠久，西汉时已传到日本、朝鲜、伊朗等国，后又流传到意大利、德国、法国等欧美诸国。19世纪中期，美国传教士把欧洲李引到中国，与美洲李杂交，培育出许多种间杂交新品种。

二、李子经济价值

（1）李子品种类型繁多，果实美观艳丽，五光十色，果肉质地细腻，柔嫩多汁，酸甜爽口，香气浓郁，既宜于鲜食，又可加工制作罐头、果脯、果干、果酱、果汁、果酒、蜜饯等制品，对丰富人民物质生活，促进果品内销外

贸，具有重要意义。

（2）李子是优良的鲜食果品，营养丰富。果实含糖量 9%～18%、酸 0.16%～2.29%、单宁 0.15%～1.5%、蛋白质 0.5%～0.8%、脂肪 0.2%、果胶 0.8%。每百克果肉中含钙 10.0～17.0 毫克，磷 12.6～18.5 毫克、钾 85～145 毫克、铁 0.5 毫克。此外，李果中含有胡萝卜素、硫胺素、核黄素、尼克酸、维生素 C、B_1、B_2 等物质，还含有 17 种人体需要的氨基酸等。

（3）李子浑身是宝，李果有较高的药用价值，可清热利水、活血祛痰、润肠等，李仁含油率高达 45%，李仁油还是工业润滑油之一。

（4）李果是最耐贮运的核果类果品，又因品种类型繁多，成熟期各异，丰富了市场供应。如云南省，从 5 月中旬至 9 月下旬都有李果成熟，采收供应期达 5 个月之久，如适当贮藏，可使鲜果供应达半年以上。

（5）李子抗寒冷，抗干旱，抗病虫，耐瘠薄，耐盐碱，具有栽培适应性强、管理简便等优点。树体小，适于密植；结果早，易获丰产稳产，单位面积经济效益较高。在山陵和沙滩地栽培，不仅可获得较好的产量，还可以保持水土，防风固沙。

（6）李子花期早，花量大，是重要的蜜源植物，洁白的花冠与翠绿的嫩叶映配优雅，成熟时果实万紫千红，具有观赏价值。在庭院、公园、路边栽植可以美化环境。因此，李子也是理想的绿化树种。

三、李子栽培现状及发展前景

20世纪80年代以前李树的栽培，在我国未得到足够的重视，发展较慢，经济效益也较差。进入80年代以后，我国开展了全国性李树资源的普查、收集、保存等工作，并在辽宁熊岳建立了国家李树种质资源圃，成为我国李树的科研中心。果树科技工作者除对我国的名优品种进行利用外，还从国外引进一些优良品种，如日本的大石早生、澳大利亚14号李、黑琥珀李等。近年来，我国李树的栽培面积、产量迅速发展，如云南省红河州，年产李果2018年就达300多万千克，成为云南省的李果生产基地。2019年我国李子种植面积约190万公顷，产量达到了649万吨。预计2020产量将达到658万吨，而到2030年总的产量在700万吨。

据有关部门调查，在全国整个水果产业中柑橘类占

50% 左右，梨占 10% 左右，苹果占 8% 左右，桃子占 6% 左右，李子占 4% 都还不到，剩下的 22% 由其他水果占据。纵观整个水果产业来看，李子种植面积小，导致李子产量缺口大，而且李子以品质差的占大部分，优良品种稀缺。其实李子栽培适应性广，耐旱耐瘠，果子成熟早，栽培管理容易简单，而且李子在春季开花早，花期较长，亦可作为观赏树种栽培。近年来农业供给侧结构性改革，鉴于水果业中苹果、梨等大宗水果经济效益下滑，而作为核果的李子被群众高度重视，无论是发展面积和产量及产后加工必将有新的突破。

第二篇 李子的生物学特性和主要品种

一、李子的生物学特性

（一）生长习性

1. 叶片

长圆倒卵形、长椭圆形，少数长圆卵形，长 6 ~ 12 厘米，宽 3 ~ 5 厘米，先端渐尖、急尖或短尾尖，基部楔形，边缘有圆钝重锯齿，常混有单锯齿，幼时齿尖带腺，上面深绿色，有光泽，侧脉 6 ~ 10 对，不达到

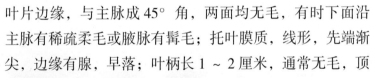

叶片边缘，与主脉成 45° 角，两面均无毛，有时下面沿主脉有稀疏柔毛或腋脉有髯毛；托叶膜质，线形，先端渐尖，边缘有腺，早落；叶柄长 1 ~ 2 厘米，通常无毛，顶端有 2 个腺体或无，有时在叶片基部边缘有腺体（树油）。

2. 花

通常 3 朵并生；花梗 1 ~ 2 厘米，通常无毛；花直径 1.5 ~ 2.2 厘米；萼筒钟状；萼片长圆卵形，长约 5 毫米，先端急尖或圆钝，边有

疏齿，与萼筒接近等长，萼筒和萼片外面均无毛，内面在萼筒基部被疏柔毛；花瓣白色，长圆倒卵形，先端啮蚀状，基部楔形，有的明显带紫色脉纹，具短爪，着生在萼筒边缘，比萼筒长 2～3 倍；雄蕊多数花丝长短不等，排成不规则 2 轮，比花瓣短；雌蕊 1 个，柱头盘状，花柱比雄蕊稍长。由于李子的花洁白美丽，具有很高的观赏价值。

3. 果实

（1）果核形状：主要有球形、卵球形、近圆锥形、卵圆形或长圆形。

（2）果皮颜色：主要呈青绿色、黄绿色、橙黄色、紫红色、深红色。

（3）果肉颜色：主要呈绿色、暗黄色、黄色、紫红色、深红色。

（4）果实形状：主要呈圆形，有的品种为卵球形；直径 3.5～5 厘米，栽培品种可达 7 厘米，黄色或红色，有时为绿色或紫色，果梗凹陷入果肉中，顶端微尖，基部有纵沟，外被蜡粉。

4. 枝和芽

李树的芽分为花芽和叶芽两种，花芽为纯花芽，每芽中有 1～4 朵花。叶芽萌发后抽枝长叶，枝叶的生长同样与环境条件及栽培技术密切相关。在南方李树一年之中的生长有一定季节性，如早春萌芽后，新梢生长较快，有 7～10 天的叶簇期，叶片小、节间短，芽较小，生长主要靠树体前一年的贮藏营养。随气温升高，根系的生长和叶片增多，新梢进入旺盛生长期，此期枝条节间长，叶片大，叶腋间的芽充实、饱满，芽体大，此时是水分临界期，对水分反应较敏感，要注

意水分的管理，不要过多或过少。此期过后，新梢生长减缓，中、短梢停止生长积累养分，花芽进入旺盛分化期。雨季后新梢又进入下一次旺长期——秋梢生长。秋梢生长要适当控制，注意排水和旺枝的控制，以防幼树越冬抽条及冻害的发生。

李子芽的萌发力强，但成枝力较低，树的萌芽率和成枝力在核果类中比较低。幼龄期和初果期除基部 2～3 年芽不萌发外，其余均可萌发。短截后李树剪口下常抽生

3～4个生长枝，其中抽生1～3个长枝，成为延长枝或侧枝。李子的隐芽的寿命长，且萌发力强，受刺激后可抽生新枝，衰老期的植株最明显。

5. 根系

根系取决于砧木的类型。一般以桃、李为砧，抗性强，根系发达，主要分布在距地表20～40厘米处，水平根系范围比树冠直径大1～2倍。

（1）砧木：李树栽培上应用的多为嫁接苗木，砧木绝大部分为实生苗，少数为根蘖苗。李树的根系属浅根系，多分布于距地表5～40厘米的土层内，但由于砧木种类不同根系分布的深浅有所不同，毛樱桃为砧木的李树根系分布浅，20厘米以内的根系占全根量的60%以上，而毛桃和山杏砧木的分别为49.3%和28.1%。山杏砧李树深层根系分布多，毛桃砧介于二者之间。

（2）根系活动规律：根系的活动受温度、湿度、通气状况、土壤营养状况以及树体营养状况的制约。根系一般无自然休眠期，只是在低温下才被迫休眠，温度适

宜，一年之内均可生长。土温达到 5 ~ 7℃时，即可发新根，15 ~ 22℃为根系活跃期，超过 22℃根系生长减缓。土壤湿度影响到土壤温度和透气性，也影响到土壤养分的利用状况，土壤水分为田间持水量的 60% ~ 80% 是根系适宜的湿度，过高过低均不利于根系的生长。根系的生长节奏与地上部各器官的活动密切相关，一般幼树一年中根系有三次生长高峰，一般春季温度升高根系开始进入生长高峰，随开花坐果及新梢旺长生长减缓，当新梢进入缓慢生长期时进入第二次生长高峰，随果实膨大及雨季秋梢旺长又进入缓长期。采果后，秋梢生长缓慢，土温下降时，进入第三次生长高峰。结果期大树则只有两次明显的根系生长高峰。了解李树根系生长节奏及适宜的条件，对李树施肥、灌水等重要的农业技术措施有重要的指导意义。

6. 树性

李为小乔木，多年生落叶果树树冠高度一般为 3 ~ 5 米，直立或开张，因品种和树形及环境条件的不同而异。幼龄时期植株生长快，1 年内新梢可有 2 ~ 3 次生长，同

时还有副梢发生，嫁接后一般 2 ~ 3 年开始结果，4 ~ 5 年丰产并进入盛果期，株产量达 20 ~ 30 千克，最高产量达 70 ~ 90 千克。立地条件好，管理水平高时，40 ~ 60 年生树仍能维持较高的产量。

（二）对环境条件的要求

由于各种不同种类的李树处于不同的生态环境下，形成了不同生态型。在引种和栽培上要区别对待，这样可增加引种栽培的成功率。

1. 温度

李树对温度的要求因种类和品种不同而异。中国李、欧洲李喜温暖湿润的环境，而美洲李比较耐寒。同是中国李，生长在我国北部寒冷地区的绥棱红、绥李 3 号等品种，可耐 −35 ~ −42℃的低温；而生长在南方的木隽李、三华李、芙蓉李等则耐低温的能力较差，冬季低于 −20℃ 就不能正常结果。欧洲与原产地中海李适于在温暖地区栽

培。温度的季节性变化影响李的物候期变化。

李树花期最适宜的温度为 12 ~ 16℃。土温达 4 ~ 5℃ 时新根开始生长，盛花期适宜温度在 8 ~ 12℃，花芽分化期温度为 20 ~ 25℃，落叶期温度为 1.9 ~ 3.2℃。不同发育阶段对低温的抵抗力不同，如花蕾期 –1.1 ~ –5.5℃ 就会受害，花期和幼果期为 –0.5 ~ –2.2℃。因此北方李树要注意花期防冻。

2. 水分

李树为浅根树种，抗旱力较强，但不耐涝。因种类、砧木不同对水分要求有所不同。欧洲李喜湿润环境，中国李则适应性较强；毛桃砧一般抗旱性差，耐涝性较强，山桃耐涝性差抗旱性强，毛樱桃根系浅，不太抗旱。以桃、杏作砧木时，对湿涝的忍耐力较差，栽培时要注意防止水涝；但欧洲李较喜湿，对水肥条件要求较高。因此在较干旱地区栽培李树应有灌溉条件，在低洼黏重的土壤上种植李树要注意雨季排涝。

3. 土壤

中国李对土壤、地势的适应力强，除黏重土壤外，在黏壤土、壤土、沙壤土、沙砾土上都能正常生长。欧洲李、美洲李适

应性不如中国李。但所有李均以土层深厚的沙壤或中壤土栽培表现好。黏性土壤和沙性过强的土壤应加以改良。欧洲李喜好肥沃土壤，中国李在瘠薄丘陵荒地都能正常生长。

4. 光照

李树为喜光树种，通风透光良好的果园和树体，果实着色好，糖分高，枝条粗壮，花芽饱满。阴坡和树膛内光照差的地方果实成熟晚，品质差，枝条细弱，叶片薄。因此栽植李树应在光照较好的地方并修剪成合理的树形，对李树的高产、优质十分重要。

二、李子品种

（一）青脆李

长势极旺，树姿较直立，成枝力强。以中枝、短果枝和花束状果枝结果为主，结果成堆，在云南省8月上中旬

成熟，栽后第二年开花挂果，平均株产 1.5 千克，亩产达
165 千克，3 年生树平均株产 7.8 千克，亩产达 850 千克，
进入盛产期后亩产可达 2600 千克，无论在山地还是平原，
青脆李均表现出很好的生态适应性，是一个优良的晚熟李
品种。

（二）江安李

江安李是大白李品种的多代实生树"芽变"单株筛选
培育而推广的品系，品质在原有树种的基础上大有改观。

单果重 25 ~ 35
克左右。果肉脆
嫩清香，风味浓
郁，无异味，久
食不厌。5 月中
下旬 ~ 6 月上旬
左右成熟，耐贮
运，挂树销售期

达 30 余天。这才是目前真正的"适应性强、最抗病、最
高产"的超短低温型李子品种。耐粗放管理，不施农药、
不施肥料也能丰产。

（三）蜂糖李

幼树树势较强壮、直立，成年树较开张，树体高大，
半圆头形，萌芽率高、成枝率低，节间较长。幼树以中
长果枝结果为主，盛果树以短果枝和花簇状果枝结果为
主。果实卵圆形，果面淡黄色，外被蜡粉，果顶一侧微
突，缝合线明显。平均单果重 35.3 克，果肉淡黄色，

平均果肉厚
26.45 毫
米，
可溶性固形物
16.1%，可食
率 97.88%，6
月上旬成熟。
肉质细、清脆
爽口，汁液中

多，味浓甜，离核，品质优异。

（四）沙子空心李

产于贵州省沿河土家族自治县沙子镇，以南庄、永红
两村为佳。果实呈扁圆形，一般在 7 月下旬成熟，成熟
的空心李外表披上银灰色的白蜡质保护层。平均果重 43.4
克，最大的
54.5 克，成熟
时果皮呈黄绿
色，皮脆而芳
香，特别是与
成熟的果实核
仁分离，亦称
"空心果"。
空心李肉质
紧脆，酸甜适

度，品质上乘，营养丰富。2006 年，国家质检总局批准
对沙子空心李实施地理标志产品保护。

（五）五月早红

成熟最早的李，又名五月王李，日本品种，树势中庸，开张。平均果重 70 克，最大 150 克。果面鲜红色，

艳丽迷人，果肉黄色，柔软多汁，含糖 13.6%，味浓甜无酸味，品质极优，是目前早熟李中糖度最高的品种。丰产性极好，密植园（株行距 3 米×1.5 米）第三年丰产，亩产可达 1000 千克以上，是大果型高糖李中最丰产的品种。果实在云南 5 月中旬成熟，为成熟最早的李子之一。

（六）脆红李

脆红李由四川乐山市剑峰乡团结村的中国李实生树后代中选育而成的。树势中庸，树冠自然开心形。果实

正圆形或近圆球形，果个较小，平均单果重 15~25 克，最大单果重 40 克。果皮紫红色，果

肉黄色或偶带片状红色。肉质脆，味甜，可溶性固形物12.7% ～ 13.27%，核小，离核，可食率96.8%，云南7月中下旬成熟。有采前落果现象，耐贮运。

（七）五月脆

五月脆又名凤凰李、早熟一点红，是早熟的李子品种，树势中庸，幼树较直立，结果后开张。平均果重65克，最大单果重140克以上，亩产2000 ～ 3000千克左右。果面鲜红色，非常漂亮，果肉黄色，肉质特别细腻，入口即化，含糖13.3%，初熟时味甜微酸，风味极佳，充分成熟后几乎无酸味。它的皮超薄，而且皮也是脆甜的，皮无苦味和涩味，可以带皮一起吃。核极小，可食率97%以上。云南5月底～6月上旬成熟，极耐贮运，常温下可存放7 ～ 10天。该品种丰产性好，抗病力强，但自花结实力差，需配置授粉品种。适宜在年均温18℃以下的地区种植。全国种植的面积十分稀少。而且它是任何地形都适应的品种，无论是高山、平原、丘陵都适合，是未来李子产业升级换代的首选品种。

（八）澳得罗达

离核优质李，美国品种，又名红夏甜。平均单果重

52.1 克，最大果重 98 克。果实扁圆形，果顶平圆。果面浓红色，无果粉。果肉黄色，肉质细嫩，味甜可口，品质上等。

含可溶性固形物 12.8%，果实在云南于 7 月上旬成熟，在 0～5℃条件下可贮藏 3 个月以上。树势强旺，枝条直立。短枝多，花束状果枝着生较密，以花束状果枝和短果枝结果为主。自然坐果率高，应加强疏果，增大单果重量。丰产性强，抗虫性强。

（九）美李 4 号

从美国引入，平均单果重 110 克，最大 250 克，为大果李品种之一。美李 4 号在云南省 6 月下旬开始变为紫红色，7 月中下旬成熟，变为紫黑色，含糖 12%，初熟时味略酸，充分成熟后浓甜，风味极佳。自花结实，特丰产，极耐贮运。

（十）洋　李

洋李也叫黑布林，美国品种，洋李属于凉性水果。果皮紫红色，单果重 100 克，9 月上旬成熟。香、甜、肉鲜软，刚采摘的新鲜洋李吃起来会感觉非常爽口。含有的花青素是一种强有力的抗氧化剂，

能促进人体生产胶原质，而胶原质能帮助人保持皮肤的弹性，花青素还能提高人的短期记忆能力、平衡能力等。洋李的果实含有丰富的糖、维生素、果酸、氨基酸等营养成分。具有很高的营养价值，洋李的保健功能十分突出，有生津利尿、清肝养肝、解热毒、清湿热的作用。

（十一）三华李

三华李果实白里透红，闻之清雅芬芳，入口无涩且有

蜜味，爽脆清甜满口香。果圆形或近圆形，单果重 40 克以上，果粉厚，果皮紫红色。具芳香味，质地爽脆。果红皮红肉，

色泽艳丽，个大肉厚，肉质爽脆，酸甜可口，气味芳香，果实含糖、蛋白质、胡萝卜素、核黄素等，每100克果汁中含维生素C17.5～28.7毫克，风味品质极佳，营养价值高，既是鲜食的上好果品，又是加工果脯的上好原料。

（十二）巨进一号

巨进一号是一个全新的品种，从外观来说属于青脆李系列（青脆李的定义：只要是成熟后是青色，而且果肉是脆的，都可以叫青脆李）。但是它的品质，胜过所有的传统青脆李。粉极厚，是一般李子粉两倍的厚度，感觉李子的表皮上结了一层厚厚的冰霜，美观度十足。此品种甜度可以达17，脱骨离核脆甜，成熟后为淡青色，并透有一些黄色。入口化渣，有种超越青脆李的果香，但是没有青脆李的那种青涩味，味道更纯，甜度更高，是青脆李的未来升级换代最理想的品种，而且适应广泛。成熟期8～10月份，具体看种植区域的具体立地条件，比如海

拔，气候。单果重 45 克左右。亩产 2500 千克左右。货架期 7 ~ 10 天。平原、丘陵、高山都适合种植。市场售价高，值得大规模发展。

（十三）冰糖李

冰糖李是五月脆绝佳的授粉品种，给五月脆授粉很适合，而且，它也是脱骨脆甜离核的品种，肉质相对五月脆，细腻度上有一些差，肉的硬度更大一些。它比五月脆晚 25 天左右，成熟期在 7 月份，五月脆（凤凰李）卖完就可以卖冰糖李。甜度达 17，它有特有的冰糖李甜味。单果重 50 克左右，核小，可食率在 97% 以上。也是耐运输和储存的品种，亩产 2000 ~ 3000 千克，脱骨离核脆甜。也是可以带皮一起吃的李子品种，有一种特别的冰糖甜味，故名冰糖李。是五月脆的黄金搭档。现有种植面积也十分有限，发展空间巨大。

（十四）一点红晚熟

特晚熟李子新品种。成熟期在 8 ～ 10 月份，具体成熟时间和种植地的海拔有很大关系，一般来说，海拔越高，成熟期越晚。它是脱骨离核脆甜的脆李品种。果肉入口化渣，甜而多汁，具有四川脆李的鲜明特点。适应性广，平原、高山、丘陵都能结果。而且，它的皮超薄、无苦涩味，可以连皮一起吃。

亩产 2000 ～ 3000 千克。平均单果重 45 克左右。核小，可食率 97% 以上。硬度大，耐贮运。它成熟时间上是一个巨大的优势，越往后，李子越少，加上它品质出众，是一个优秀的特晚熟李子品种，值得大面积发展。

第三篇 李子育苗技术

李树苗木的培育与其他果树一样，大都采用嫁接繁殖，育苗程序也同其他果树类似。

一、砧木的培育

（一）砧木种类

桃砧、杏砧、李砧、樱桃李砧、毛樱桃砧、梅砧。

（二）砧木选择

因不同地区，不同种类，不同品种所适宜的砧木不尽相同，但最根本的一条是亲和力必须高，生产上必须加以注意。以各地的实践经验看，毛桃、山桃、山杏、毛樱桃、李等均可作为李树的砧木。南方多用本砧（李砧），嫁接亲和力高，生长结果均好，但易出根蘖。用桃作砧木，生长迅速，但对低洼黏重土壤不甚适宜，且寿命较短，根头癌肿病较多。用梅作砧生长较缓慢，结果较迟，但树的寿命较长。

（三）砧木的培育

1. 苗圃的选择

首先注意不能重茬，否则影响苗木生长，病害严重，常会引起苗木大量死亡。苗圃地选好后，应于秋季进行深翻，深度20厘米左右，并结合

深耕每公顷施有机肥 50 ~ 65 吨。对苗木危害较重的立枯病、根癌病和地下害虫（如蛴螬、线虫以及金针虫等），可以结合深耕撒施毒死蜱、辛硫磷等农药防治。

其次育苗要选排涝较好的地块，选择壤土或沙质土壤，土层深厚，土壤疏松肥沃，排水良好，光线充足的地块。若选择低洼地，雨季积水会影响嫁接成活率，甚至出现涝害使苗木死亡。但苗地还是必须要有灌溉条件。

2. 育苗的初步准备

根据地势和走向，确定育苗畦走向，挖好排水渠道，施肥整地，每亩施入 3000 千克的腐熟优质圈肥或半腐熟农家肥，加 15 千克复合肥，深耕耙平。做成宽 1 米、长 30 米的畦，采用高低畦育苗，高畦宽 80 厘米，高 20 厘米，在畦背上单行种植。两畦间距 20 厘米为低畦，做排水沟，育苗前 3 天灌足底水。

3. 种子收集

种子是从健壮、无病虫害完全成熟的母株中采集果实中获得。采集的果实立即浸入水中，擦去果肉，漂浮在水面的为不好的种子，应该剔除。沉入水下底部的种子为饱满的优质种子，放在阴凉通风的地方晾干备用。

4. 种子贮藏

（1）浸种：采收后，迅速进行沙藏的就不用浸种，可以直接与细沙混拌来进行贮藏，而在 10 月末 ~ 11 月初进行沙藏时要浸种。其方法是：浸泡一段时间后取出几粒种子，用锤子把外壳砸开，看外壳内侧已湿润，用手捏种仁，胚乳能否与种皮分开，以胚乳不跑出来，胚乳呈乳白色不透明时为最好，防止出现水浸状或变色。浸泡好后，把种子捞出来，去掉颗粒、杂质以备沙藏。

（2）沙藏：沙藏时间分为两个时期，采收后立即进行沙藏和上冻前10月~11月初进行沙藏。将浸泡好的种子与细沙混拌，其比例为1∶3（或1∶4），细沙湿率以手握成团（含水量60%左右），松手即散为宜。

5. 种子处理

种子从果实中取出以后，种子内的水分应保持在30%~40%以上。如果不进行沙藏，需要经过一定处理，晾干后再贮藏。李树种子的外壳厚且硬，不易渗入水分和空气，因而在层积处理时要适当地提高温、湿度。沟内要每隔一定距离插上一把秸秆，以便于通气。藏沟四周要挖排水沟。河沙的用量应是种子体积的10~20倍，层积时间是80~120天。层积后期要多加注意检查，调节控制好沟内的温湿度，以免种子因高温多湿而发生霉烂。开春当种子已发芽露白时应及时播种。

6. 播种

按照15~18厘米的间距将种子播种到犁沟中，用土壤立即覆盖到沟面，覆盖土壤的厚度约为3厘米。用一层草压紧边沿，防止水分过度蒸发。每亩播种7千克。播种后及时喷水，保持沟面湿润，有利于出苗。

7. 播种后管理

当芽暴露在边界上时，把草移开，盖上土。当幼苗生长约4片真叶时，应根据15~18厘米的株距进行补苗，并加强施肥、浇水、病虫害防治等管理，在4月中、下旬叶面喷施 0.3% ~ 0.5% 的尿素，追施厩肥等。灌水一般从幼苗长出 4 ~ 5 片真叶时开始，使土壤保持湿润，促进幼苗的旺盛生长。秋季苗高约 80 厘米，直径约 0.9 厘米时，达到嫁接标准。次年春季在苗床上嫁接。

二、嫁接育苗

（一）采　穗

1. 采穗时间

11 月 ~ 次年 2 月采收，采集时将生长健壮、无病虫害的李树枝条冷藏，贮藏温度在 0℃以下，并于 3 月初后用采集穗嫁接。

2. 采穗方法

在生长旺盛、无病虫害和满芽的枝条上采集嫁接穗，穗长 8 ~ 10 厘米，每穗留 2 个饱满芽，粗度为砧木嫁接部位茎粗 2/3，在接穗前浸泡 24 小时，嫁接时，在第二芽底部切 2.3 ~ 2.6 厘米长对称、楔形的直切面，切 1 厘米嫁接。

（二）嫁　接

1. 嫁接时间

李子的嫁接大致可有 3 个时期，即春、夏、秋季。春季嫁接一般在 3 月上旬 ~ 4 月下旬进行。夏季嫁接自 5 月上旬 ~ 6 月上旬。秋季嫁接在 8 月中旬 ~ 9 月上旬进行。在 5 月初为最佳的嫁接期，选择晴天进行嫁接。

2. 嫁接部位

嫁接部位从主茎到地面的高度为 5 ~ 6 厘米处，茎径为 1.0 厘米左右。

3. 嫁接方法

嫁接方法有"T"字形芽接、嵌芽接、劈接和舌接。

（1）"T"字形芽接：

嫁接时，在砧木上切"T"字形接口，故称"T"字形芽接，也称"丁"字形芽接。它是果树育苗嫁接中应用最广的一种方法。这种方法操作简易，嫁接速度最快，而且成活率高。其砧木一般用 1～2 年生的树苗。也可以采用此法将接芽

T形芽接

取芽　　芽片正面　芽片内面　　切砧木　包扎

接在大砧木当年生的新梢上，或接在 1 年生枝上。老树皮上不宜采用此法嫁接。"T"字形芽接都在生长期进行。

（2）嵌芽接：

先在接穗的芽上方 0.8～1.0 厘米处向下斜切一刀，长约 5 厘米，再在芽下方 0.5～0.8 厘米处，成 30° 角斜切到第一切口底部，取下带木质部芽片，芽片长约 1.5～2 厘米按照芽片大小，相应地在砧木上由

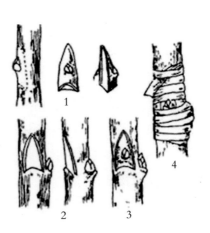

1
2　　3
4

上而下切一切口，长度应比芽片略长。将芽片插入砧木切口中，注意芽片上端必须露出一线砧木皮层，以利愈合，然后用塑料条绑紧。

（3）劈接：

劈接是从砧木断面垂直劈开，在劈口两端插入接穗的嫁接方法。砧木较细时，从砧木中央劈开，特别粗的砧木，可以在砧木中心垂直劈成"十"字形两道劈缝，或在砧木中央偏外平

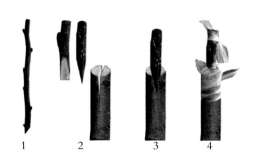

1   2   3   4

行劈两道，插4个接穗。粗的砧木应接多个接穗，有利砧木断面的愈合。砧木要选在枝桩表面光滑、纹理通直，至少10厘米内无节疤的部位。劈接通常在果树休眠期进行，最好在砧木芽开始膨大时嫁接，成活率最高。若在果树生长期进行劈接，砧木的皮层可能与木质部分离，会影响成活。劈接的接穗削面较长，两个削面相同，且一侧比另一侧稍厚，削接穗的技术要求较高、难度较大，初

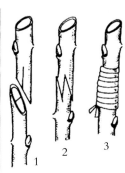

1. 削接穗和砧木；
2. 接合；3. 绑缚

学者不易掌握，但接穗削面长，与砧木形成层接触面大，成活后接合部牢固，常用在大树高接或平茬改接。

（4）舌接：

在削面上端1/2长度处垂直向下切一长约1厘米的切口，接穗与砧木削法相同，然后将砧、穗的大、小削面对齐插入，直至完全吻合，两个舌片彼此夹紧，若砧穗粗度不等，可使一侧形成层对准，最后包严绑紧。

三、嫁接后管理

保持土壤湿润、干燥、及时浇水，提高砧木对接穗的供水能力。不能存活的嫁接苗应适时补接，生长季节应加强除草、施肥、病虫害防治。一般剪砧比折砧萌发早，但夏季剪砧一定要离接芽3～5厘米处剪断，砧木上留几片叶，待接芽萌发后再在接芽上1厘米处剪砧。剪砧后应及

时抹芽，把砧木上所有发的芽全部抹除，只留嫁接芽。苗木后期应适时浇水。9月底嫁接芽长到70～100厘米时全部摘心，并停止浇水，促进苗木加粗生长，使其老熟，以提高苗木的越冬能力。

四、移　植

种植后第二年春天，将嫁接成活的李树从苗床转移到果园，把苗放在挖树坑中间，伸长根系，伸直，将周围土壤中的表层土壤放进，轻轻提起苗，用土封坑，安顿下来，浇灌足够的水分。实施追肥、除草、病虫害防治等日常管理。

第四篇　建园定植

一、园址选择与果园规划设计

（一）园地选择

李树的适应性强，对定植地要求不严格，无论丘陵、平川、河滩和山地都可栽培。但是要使李树达到优质、丰产的目的，定植地的选择也是十分重要的。

1. 地势的选择

李树是耐旱、耐涝、耐寒、耐高温高湿、较耐瘠薄的树种之一。在较平坦的地区定植李树，有利于机械化操作，方便运输。地势平坦，树体生长量大，根系深，产量较高。但通风、日照及排水方面往往不如丘陵和山地，果实品质也较山地、丘陵差。一般来说，缓坡地、沙滩地排水通气良好，有利于李树生长，是发展鲜食、加工李的良好基地。但沙滩地有机质含量少，土壤瘠薄，保水保肥性差，因此，一定要采取相应的栽培技术措施，才能获得较好的优质果品。低洼地一般地下水位较高，尤其在降水量

多的地区，土壤含水量增高，排水不畅，常常产生硫化氢等对果树有毒的物质，李树根系易受毒害死亡。同时地势低洼，通风不良，易造成冷空气沉积，李树开花期易受晚霜危害，使产量不稳。因此，在低洼地区不宜建立李园。

2. 坡向的选择

一般土层较厚的山地均可建李园，但在栽培上应注意坡向和坡度等情况。各坡向的特点是：南坡较北坡暖，南坡春季地温上升快，日照充足，因而，物候期开始早，果实成熟也早，色泽好、品质优。但因物候期早，花和幼果易遭受晚霜危害，同时南坡土壤水分蒸发量较大，易干旱。北坡保水、保肥较南坡强，物候期开始晚，受晚霜危害轻或可以避开其危害。同时果实成熟晚，可延长鲜果供应期，但北坡的果实风味、色泽不如南坡。东西坡的优点，近于南北坡之间。坡度对李树的生长也有一定的影

响，一般在 5° ~ 20° 的斜坡是发展李树的良好地段。坡度过大，水分易流失，因而易干旱，土层也较瘠薄。李树是适应性最强的树种，只要有良好的水土保持措施，也可在坡度较大的地带发展李树。

（二）果园规划设计

园地选好后应进行精心规划，本着合理利用土地，便于管理的原则，统筹安排，全面考虑，达到最大限度地利用有利条件，克服不利因素，充分发挥土地和树体的生产潜力。现代李子生产，以实行集约化栽培、科学化管理、规模化经营为主要特征，在果园规划高度上要高标准、规范化。李园的具体规划设计应合理划分果园作业区，配置防风林、道路网和水利灌溉系统，以及其他建筑、设施等。

二、苗木定植

（一）品种选择与搭配

1. 品种选择

（1）优良品种的标准：

①适应性和抗性强，必须适应当地的气候，土壤环境条件；

②品质优良，果个大，色好，风味好；

③丰产稳产；

④与其他品种授粉亲和力好；

⑤有特殊的优良性状，如果个特大，耐贮性强等。

（2）壮苗标准：

①根系。主侧根应长于 20 厘米，须根较多，根系完整、无劈裂，且无病虫害。特别注意要无根瘤。

②枝干。要生长充实，表面有光泽，距接口以上 5 ~ 10 厘

米处直径应在 1 ~ 1.5 厘米，高度在 1 ~ 1.5 米，芽体饱满，充实，无病虫危害。

在苗木选择时注意并非越大越好。往往过粗过高的苗木可能是徒长苗，枝干、芽体不充实，外强中干，栽后成活率低，也不容易发芽、发枝，但有时由于急于建园，又没有壮苗，也可以采用三当苗（三当苗是指当年播种、当年嫁接、当年出圃的果苗）或半成苗（半成苗指苗木上嫁接的品种芽没有萌发；苗木上只带一个嫁接品种的芽）建园，但要精心护理并采取一定防护措施也可达到较满意的效果。对不充实的弱苗或三当苗，采用防止枝干蒸腾失水的措施可明显地提高成活率。

③芽：一定要挑选愈合良好，芽体饱满的苗木，栽后要套塑料筒对接芽进行保护。

（3）留预备苗木：

在苗木准备上要留预备苗木，一般如苗圃就在当地，苗木又好的就地取苗，预备苗有 10% ~ 15% 即可，

如果苗木较弱或长途运输苗木，预备苗应适当多留，留15%～20%为宜。如果是半成苗，最好留30%左右的预备苗。

2. 品种搭配

（1）合理搭配不同成熟期品种。

（2）应注意配置授粉树：

①生产上的授粉树，不仅要和授粉品种有亲和力，而且授粉品种本身在经济上也要有栽培价值。

②花期基本一致，亲缘关系较远。

③主栽品种和授粉品种的配比一般为5～6：1。

④授粉树的树体大小、生长结果习性应尽可能与主栽品种一致。

（二）定植前的准备工作

园地规划后要进行土地平整。平原地区如有条件应进行全园深翻，并增施有机肥，深翻40～60厘米即可。如无条件的则挖定植沟或洞穴，沟宽或穴直径80～100厘米，深60～80厘米，距地表30厘米以下填入表土＋植物秸秆＋优质腐熟有机肥的混合物，沙滩地有条件的此层加些黏土，以提高保肥保水能力，距地表10～30厘米处填入腐熟有机肥与表土的混合物，0～10厘米只填入表土。填好坑或沟后灌一次透水，使定植坑填实。山坡地如坡度较大应修筑梯田，缓坡且土层较厚时可修等高撩壕。平原低洼地块最好起垄栽植，行内比行间高出10～20厘米，有利于排水防涝。栽植前对苗木应进行必要的处理。如远途运输的苗木，苗木如有失水现象，应在定植前浸水

12～24 小时，并用多菌灵对根系进行消毒，对伤根、劈根及过长根进行修剪。栽前根系蘸生根粉或 1% 的磷酸二氢钾，利于发根。

（三）定　植

1. 定植时间

在南方地区一年四季都可以定植。云南省习惯 7～8 月雨季种植，此时种植虽然省了浇水的工序，但这段时期土壤中含水量重，不利于根系的发育和生长，最好是进行春栽（3～5 月），因此时地温已升至较高，栽后根系恢复快，伤根也易恢复，栽后地上部很快萌芽，也有利于地下部根的生长，对成活和早期生长均有好处。栽后灌足水。

2. 定植方式

应考虑对土地和光能充分利用以及机械操作来选适宜

的定植方式。生产上采用的定植方式有正方形定植、长方形定植、带状定植、三角形定植、丛状定植和等高定植。从充分利用阳光和机械作业来讲，最好采用长方形定植，山坡地则多用等高定植。

3. 定植密度

李树属于小乔木，幼树生长快，成形早，多数品种能早期丰产，经济寿命较长（管理好的条件下），可以适当密植。但不同地区，不同地势条件的定植密度的确定，要根据定植品种的生长特性，砧木类型，当地的土壤、气候等条件和管理水平来考虑。一般在地势平坦、土层较厚，土壤肥力较高，气候温暖，条件较好的地区定植密度可大些。株行距可为 3 米 ×4 米或 3 米 ×5 米，每公顷定植 675 ~ 840 株。也可以进行高密度栽培，株行距为 1.5 米 ×2.5 米，待 6 ~ 8 年后，隔行去行，或隔株去株，以此定植方式提高前期单位面积产量，提高土壤利用率。在山地、河滩地、肥力较差、干旱少雨的地区定植密度要小些，株行距为 2 米 ×3 米或 2 米 ×4 米，每公顷 1245 ~ 1665 株。机械化管理水平较高的地区，也可以采用带状栽培，定植株行距为 1.5 ~ 2 米 ×4 米，每公顷栽 1665 株。

4. 定植技术

要注意三点:一是让根系舒展开,分布均匀,填土踏实,根与土壤充分接触;二是定植不能过深,将根颈与地面相平;三是定植后尽快灌水。

5. 定植后当年的管理

(1)扶苗定干:

定植灌水后往往苗木易歪斜,待土壤稍干后应扶直苗木,并在根颈处培土,以稳定苗木。苗木扶正后定干。

(2)补水:

定植后 3 ~ 5 天,扶正苗木后再灌水一次,以保根系与土壤紧密接触。

(3)铺膜:

铺膜可以提高地温,保持土壤湿度,有利于苗木根系的恢复和早期生长。铺膜前树盘喷氟乐灵除草剂,每亩用药液 125 ~ 150 克为宜,稀释后均匀喷洒于地面,喷后迅速松土 5 厘米左右,可有效地控制杂草生长。松土后铺膜,一般每株树下铺 1 平方米的膜即可。如密植可整行铺膜。

(4)枝干接芽保护:

如果定植的苗木为三当苗,为确保成活,可套直径为 5 ~ 7 厘米左右的塑料袋,可起到保水提高成活的目的。如果定植半成苗,也应套塑料布做的小筒(但要有透气孔),可防止东方金龟子和大灰象甲的为害。

(5)检查成活及补栽:

当苗木新梢长至 20 厘米左右时,对死亡未成活苗木进行补栽，过弱苗木换栽，以保证李园苗齐、苗壮，为早果丰产奠定基础。移栽要带土球，不伤根。云南省一般在3月下旬~5月上旬移栽最好。此时新根还不太长，不易伤根，移苗后没有缓苗期。除将死亡苗补齐外，对生长过弱苗也应用健壮的预备苗换栽，使新建园整齐一致。补换苗时一定要栽原品种，避免混杂。

（6）病虫害防治：

春季萌芽后首先注意东方金龟子及大灰象甲等食芽（叶）害虫的为害。特别是半成苗，用硬塑料布制成筒状，将接芽套好，但要扎几个小透气孔，以防筒内温度过高伤害新芽。对黑琥珀李、澳大利亚14号李、香蕉李等易感穿孔病的品种应及时喷布杀菌药剂，可使用70%代森锌可湿性粉剂600倍液，80%乙蒜素乳油1000倍液，50%福美双可湿性粉剂500倍液，或波美0.3度石硫合剂等每隔10~15天喷1次，连喷3~4次。另外用1.8%阿维菌素乳油1500倍液+10%吡虫啉可湿性粉剂1000倍液防蚜虫和红蜘蛛的为害。

（7）及时摘心：

如定植半成苗，当接芽长到70~80厘米时，如按开心形整形和按主干疏层形整形的树摘心至60厘米处，促发分枝，进行早期整形。如

果按纺锤形整形的树不必摘心。如定植成苗，当主枝长到60厘米左右时，应摘心至45厘米处，促发分枝，加速整形过程。到9月下旬对未停长新梢摘心，促进枝条成熟。

（8）及时追肥灌水和叶面喷肥：

要使李树早期丰产，必须加强幼树的管理，使幼树整齐健壮。当新梢长至15～20厘米时，及时追肥，7月以前以氮肥为主，每隔15天左右追施1次，共追3～4次，每次每株追尿素20～30克左右即可，对弱株应多追肥2～3次，使弱株尽快追上壮旺树，使树势相近。7月中旬以后适当追施磷、钾肥，以促进枝芽充实，可在7中旬、8月上旬、9月上旬追三次肥，每次追磷酸二铵30克，硫酸钾20克左右。除地下追肥外，还应进行叶面喷肥，前期以尿素为主，用0.2%～0.3%的尿素溶液+0.01%芸苔素内酯水剂10000倍液，后期则用0.3%～0.4%磷酸二氢钾，全年喷5～6次。追肥时开沟5～10厘米施入，可在雨前施用，干旱无雨追肥后应灌水。

第五篇　土肥水管理

李树在整个生长发育过程中，根系不断从土壤中吸收养分和水分，以满足生长与结果的需要。只有加强土肥水管理，才能为根系的生长、吸收创造良好的环境条件。

一、土壤管理

土壤管理的中心任务是将根系集中分布层改造成适宜根系活动的活土层。这是李树获得高产稳产的基础。具体土壤管理应注意以下几个方面：

（一）深翻熟化

深翻要结合施有机肥进行，通过深翻并同时施入有机肥可使土壤孔隙度增加，增加土壤通透性和蓄水保肥能力，增加土壤微生物的活动，提高土壤肥力，使根系分布层加深。深翻的时期以采果后秋翻结合施有机肥效果最好。此时深翻，正值根系第二次或第三次生长高峰，伤口容易愈合，而且容易发新根，利于越冬和促进第二年的生长发育。深翻的深度一般以 30 ～ 40 厘米为宜。方法有扩穴深翻、隔行深翻或隔株深翻、带状深翻以及全园深翻等。如有条件深翻后最好下层施入秸秆、杂草等有机质，中部填入表土及有机肥的混合物，心土撒于地表。深翻时要注意少伤粗根，并注意及时回填。

（二）李园耕作

有清耕法、生草法、覆盖法等。不间作的果园以生草+覆盖效果最好。行间生草，行内覆草，行间杂草割后覆于树盘下，这样不破坏土壤结构，保持土壤水分，有利于土壤有机质的增加。第一次覆草厚度要在 15 ～ 20 厘米，每年逐渐加草，保持在这个厚度，连续 3 ~ 4 年后，深耕翻一次。南方覆草，冬季干燥，必须注意防火，可在草上覆一层土来预防。另外长期覆草易招致病虫害及鼠害，应采取相应的防治措施。生草李园要注意控制草的高度，一般大树行间草应控制在 30 厘米以下，小树应控制在 20 厘米以下，草过高影响树体通风透光。

化学除草在李园中要慎用，因李与其他核果类果树一样，对某些除草剂（如二甲四氯钠）反应敏感，使用不当易出现药害，大面积生产上应用时一定要先做小面积试验。把用药种类、浓度、用药量、时期等摸清后，再用于生产。

（三）间 作

定植 1 ~ 3 年的李园，行间可间作花生、绿豆、饭豆、苕子、紫云英、薯类、蔬菜等矮秆作物，以短养长，增加前期经济效益，但要注意与幼树应有 1 米左右的距离，以免影响幼树生长。果园不提倡秋季种菜，秋菜灌水多易引起幼树秋梢徒长，使树体不充实，而且易招致害虫产卵为害，并且引起幼树越冬抽条。

二、合理施肥

合理施肥是李树高产，优质的基础，只有合理增施有机肥，适时追施化学肥料，并配合叶面喷肥，才能使李树获得较高的产量和优质的果品。

（一）施肥时期与数量

1. 基肥

一般以早秋施为好。云南省在 11 月上中旬为宜，结合深翻进行。将磷肥（钙镁磷）、生物有机肥和微量元素肥（含硼、锌、铁、镁等）一并施入。并加入少量氮肥，对李树当年根系的吸收，增加叶片同化能力有积极影响。数量依据树体大小、土壤肥力状况及结果多少而定。树体较大，土壤肥力差，结果多的树应适当多施。

树体小，土壤肥力高，结果较少的树，适当少施。原则是每产 1 千克果施入 1 ~ 2 千克生物有机肥。方法可采用环状沟施、行间或株间沟施、放射状等。

2. 追肥

一般进行 3 ~ 5 次，前期以氮肥为主，后期氮、磷、钾配合。花前或花后追施氮肥，幼树每株施尿素 50 ~ 100 克，成年树施 200 ~ 500 克。弱树、果多树适当多施，旺树可不施。花芽分化前追肥，以施氮、磷、钾复合肥为好。硬核期和果实膨大期追肥，氮、磷、钾肥配合利于果实发育，也利于上色，增糖。采后追肥，结合深翻施基肥进行，氮、磷、钾配合为好，如基肥用猪、牛粪可适当补些氮肥。追肥一般采用环沟施，放射状沟施等方法，也可用点施法，即每株树冠下挖 6 ~ 10 坑，坑深 5 ~ 10 厘米即可，将应施的肥均匀地分配到各坑中覆土埋严。

（1）发芽前或开花前追肥：施肥方法是在距李树树干 1.5 米远处，挖长方形的沟，长 60 厘米、宽 20 厘米、深 40 厘米。初果期的树每株挖 3 个沟，可施肥 0.8 千克左右，以氮磷肥（如磷酸二铵）为主。盛果期的树，挖 4个沟，单株可施氮、磷、钾复合肥 0.6 ~ 1 千克，并补充适量微量元素肥（硼、锌）。

（2）落花后追肥：在 4 月上旬 ~ 5 月下旬，施肥方法与花前相同，但施肥数量可根据树的生长势，果实的多少，适当施些氮肥（碳酸氢铵和尿素）和磷酸二氢钾复合肥料。

（3）幼果初膨大及花芽分化期追肥：这个时期幼果加速膨大，新梢开始生长，是李树需要大量营养的关键期，应追施氮、磷、钾复合肥。

（4）采果后追肥：施肥的方法是挖条沟，每株树可挖4条沟。3年生李树，每亩可施肥40千克（磷酸二胺20千克、尿素10千克、硫酸钾10千克），沟长50厘米，宽20厘米，深30厘米。8年生李树，每亩可施肥100千克（磷酸二胺50千克、尿素30千克、硫酸钾20千克），沟长100～150厘米，宽30厘米，沟深40厘米。

（5）根外追肥：结合病虫害防治，在喷洒农药的同时（也可单独喷洒），把尿素、氨基酸、腐殖酸、芸苔素内酯等水溶性肥料，放入稀释的农药中进行搅拌均匀，即可进行喷洒。7月份前以尿素为主，浓度0.1%～0.2%的水溶液，8～9月以磷、钾肥为主，可使用磷酸二氢钾，同样用0.1%～0.2%的水溶液。对缺锌、缺铁地区还应加0.1%～0.2%硫酸锌和硫酸亚铁。一个生长季叶面喷肥5～8次，也可结合喷药进行。花期喷0.1%的硼砂和0.2%的尿素，有利于提高坐果率。

（二）施肥方式

（1）放射状沟施：主要用于追肥。

（2）轮状沟施：适用于幼树和山地果园。

（3）纵横沟施：适合于平地果园。

（4）穴施或穴贮肥水：适合于片剂肥料或沙地。施肥深度一般在 20 ～ 40 厘米之间，以树冠投影中间以外部分为宜。

（5）叶面喷肥：叶面喷肥一般在喷后 15 ～ 120 分钟即能被吸收利用，因此在果树生长发育的关键时期（如花芽分化或缺少某种元素时）进行叶面喷肥能起到很好的效果。

三、合理排灌

在我国南方地区，降水多集中在 7 ～ 8 月间，而春、秋和冬季均较干旱，在干旱季节必须有灌水条件，才能保证李树的正常生长和结果，要达到高产优质，适时、适量灌水是不可缺少的措施，但 7 ～ 8 月雨水集中，往往又造成涝害，此时还必须注意排水。

（一）灌　溉

从经验上看可通过看天、看地、看李树本身来决定是否需要灌溉。根据云南的气候特点，结合物候期，一般应考虑以下几次灌溉。

（1）花前灌水：有利于李树开花、坐果和新梢生长，一般在 2 月上旬 ～ 3 月上旬进行。

（2）新梢旺长和幼果膨大期灌水：正是云南比较干旱的时期，也是李树需水临界期，此时必须注意灌水，以免影响新梢生长和果实发育。

（3）果实硬核期和果实迅速膨大期灌水：此时也正值花芽分化期，结合追肥灌水，可提高果品产量，提高品

◎第五篇　土肥水管理

51

质，并促进花芽分化。

（4）采后灌水：采果后是李树树体积累养分阶段，此时结合施肥及时灌水，有利于根系的吸收和光合作用，促进树体营养物质的积累，提高抗冻性和抗抽条能力，利于第二年春的萌芽、开花和坐果。

灌溉的方法生产上以畦灌应用最多，还有沟灌、穴灌、喷灌、滴灌等，如有条件，应用滴灌最好，节水、灌水均匀。

（二）排　水

在雨季来临之前首先要修好排水沟，连续大雨时要将地面明水排出园区。

第六篇　整形修剪

一、整形修剪的依据

（1）依李子生长和结果习性：李子属小乔木树种，树势较旺，成枝弱，自然开张，萌芽力高，分枝性强，易成花。当年新梢既能分枝又易形成花芽。进入结果期则以大量的花束状果枝为主。新植幼树，栽培条件和管理好的，定植3～4年就可开花结果，7～8年进入盛果期，盛果期20～30年，高者可达40～50年。因此，整形修剪要根据李树特点，进行适度短截、疏枝、调节生长与结果的矛盾。

（2）依据土地肥瘠、地势等具体条件，培养和改造树形：土质较肥沃、地势较平坦的宜培养分层形。土地瘠薄、山坡地可培养或改造为开心形或杯状形，以充分利用土地和空间。

（3）依喜光性强的特点：依李子喜光性强的特点，进行疏除过密枝，少打头，使之充分利用光能。

（4）依据管理条件：管理水平较高的，可以多留些主、侧枝，培养分层形。土肥水不足，管理水平低的，可以少留些主、侧枝，培养小冠开心形。

二、修剪方法

（一）短　截

剪去一年生枝的一部分称为短截。

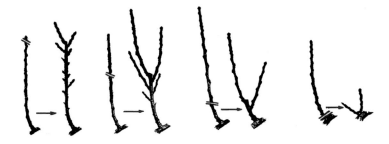

（1）轻短截：促生中短枝，促进成花；

（2）中短截：促进营养生长，加速扩大树冠；

（3）重短截：改变枝类，增加芽位；

（4）极重短截：促生中短枝，培养枝组。

根据李子萌芽强，但生枝力弱的枝芽特性，我们多采用中短截的方式。一般春梢生长到 40 ~ 50 厘米长时从中间剪断，待夏梢长到 40 ~ 50 厘米时又从中间再剪一刀，这样可促进李子形成更多的中短枝，提高来年的坐果量。为了防止李子流胶病的发生，在秋季不能对李子进行修剪。

（二）缩　剪

剪去多年生枝的一部分，也叫回缩。在冬春季进行。

缩剪作用：
回缩的主要作用
是复壮。

缩剪对象：
冗长多年生缓放
枝或结果枝组，
及衰老树的骨
干枝。

（三）疏　剪

将枝条（包括1年生和多年生）从基部去掉。

（1）疏剪对象：病虫枝、干枯枝、无用的徒长枝、
过密的交叉枝
和重叠枝等。

（2）主要
作用：改善通
风透光条件。
对全树有削弱
生长势的作用，
就局部来讲，

可削弱剪锯口以上附近枝的势力，增强剪锯口以下附近枝
条的势力。

（四）长　放

对枝条不修剪，也叫缓放。

（1）长放作用：是缓和枝条生长势，增加中短枝数量，有利于营养物质的积累，促进幼旺树成花结果。

（2）长放的对象：是中庸枝、斜生枝和水平枝。背上直立旺枝不能缓放，应采取拉枝或疏除等措施。

（五）变

人为改变枝条方向。

（1）曲枝作用：抑制旺长，促进成花。

（2）圈枝作用：抑制旺长，促进成花。

（3）拉枝作用：开张角度，缓和长势。

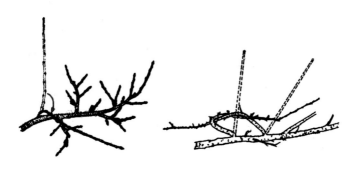

（六）夏季修剪

1. 除萌与疏梢

萌芽或抽枝后，抹除或疏除位置不当、轮生竞争枝，或疏枝后剪口等处不需要枝条的地方的嫩芽，可以选优去劣，减少养分消耗，同时改善通风透光条件。

2. 摘心、剪梢

将新萌发枝的先端嫩梢摘去或剪除，抑制旺枝，促生分枝，促进新梢秋季及时停长。

疏梢

3. 拿枝、拉枝

拿枝是把直立或斜着向上生长的旺盛 1 ~ 2 年生枝，用手弯曲使木质部受伤，减弱生长势，促使向结果枝转化的修剪方式。

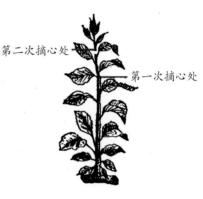

第二次摘心处

第一次摘心处

因为李子和桃子一样容易发生流胶病，所以在李子修剪中不提倡环剥、环割和刻伤等修剪方法。

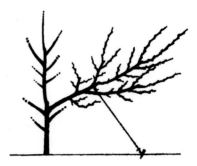

三、适宜树形与整形技术

（一）适宜树形

1. 自然开心形

70厘米左右定干，主干上留3个主枝，相距10~15厘米临近分布，以120°平面夹角配置，主枝与主干的夹角为50°~60°。每个主枝上配置2~3个侧枝，侧枝留的距离及数量根据定植株行距的大小而定。在主侧枝上配置大、中、小型结果枝组。现在生产上应用的还有二主枝自然开心形，多主枝自然开心形。

2. 疏散分层形

这种树形有明显的中央领导干，主干高50~70厘米，全株6~8个主枝，分2~3层。稀疏分层排在中央领导干上。第一层有3~4个主枝，相距在20~40厘米，并在1~2年内选定，主枝的垂直角度为

60°～70°。第二层为2个主枝，插第一层主枝的空当。第三层1～2个，彼此间水平夹角基本相同。第二层与第一层主枝的层间距一般在60～100厘米，以后各层间距40～60厘米，越向上越小。

基部三主枝各配备侧枝2～3个，第一侧枝距主枝基部60～70厘米，第二侧枝距第一侧枝50厘米并着生在第一侧枝对面，上层主枝可配备1个侧枝或不配备侧枝。树高控制在4～5米，冠径控制在5～6米。

3. 自然圆头形

一般干高30～50厘米，5～8个主枝，错开排列，主枝上配备枝组。这种树形的整形比较简单，苗木栽上后，在40～60厘米处剪截，保留5～8个骨干枝，除中心主枝外，其余各主枝均向树冠外围伸展。

4. "V"形

也称二大主枝开心形或"Y"字形，每株留二大主枝，两主枝间夹角为60°，枝间距为10～15厘米。定干高

度 40 ~ 70 厘米。当新梢长至 50 厘米左右时，在树干 50 厘米以上选择生长势好、邻近着生、方向正的两个枝条做二主枝，角度开张至 20°～30°，并通过摘心、扭梢、拿枝等方式控制其他新梢的旺长，促进成花。

（二）整形技术

1. 定干

苗木定植以后，随即定干，定干高度根据品种特性和立地条件决定。定干时应注意剪口下要有十多个饱满芽，以便将来抽出健壮的新梢培养主枝。

2. 中干、主侧枝的选留和培养

定干后选择剪口下直立生长的枝条培养中央领导干，另选择 3 ~ 4 个方向和角度适合的枝条培养主枝。

3. 辅养枝的利用

根据空间大小来决定去留，有空间就保留，发展空间大就长期保留。

四、不同树龄时期的修剪特点

（一）幼树的修剪

以开心形为例，李树特别是中国李是以花束状果枝和短果枝结果为主。如何使幼树尽快增加花束状果枝和短果枝是提高早期产量的关键。李幼树萌芽力强而成枝力较弱，长势虽旺，但要达到多出短果枝和花束状果枝的目的，必须春夏季节重剪少甩放，多短剪，减少疏枝，有利于树势缓和，多发花束状果枝和短果枝。李树幼龄期间要加强春夏剪，一般随时进行，但重点应搞好以下几次：

（1）4月中旬～5月上旬。对长于40厘米新梢进行中短截。对枝头较多的旺枝可以适当疏除，背上旺枝密枝疏除，削弱顶端优势，促进下部多发短枝。

（2）5月中旬～6月上旬。对骨干枝需发枝的部位可短截促发分枝，对冬剪剪口下出的新梢过多者可疏除，枝头保持60°左右。其余枝条角度要大于枝头。背上枝可去除或拉平利用。

（3）6月中旬～7月下旬。重点是处理内膛背上直立枝和枝头过密枝，促进通风透光。

（4）8月下旬。对未停长的新梢不修剪（修剪会造成李子流胶），全部摘心，促进枝条充分成熟，有利于安全越冬，也有利于第二年芽的萌发生长。无论是冬剪还是夏剪，均应注意平衡树势。对强旺枝重截后疏除多余枝，并压低枝角，对弱枝则轻剪长放，抬高枝角。可逐渐使枝势平衡。

（二）成龄树的修剪

经常利用骨干枝换头的方法，调整骨干枝先端的角度和长势，达到抑前促后，控制树体大小和维持树势稳定的目的。上层枝的外围枝以疏为主，即疏除二层和外围的旺长枝、密生枝和竞争枝，保留少量的中庸枝和壮枝。枝组的修剪要疏弱留强、疏老留新，并有计划地进行更新复壮。

当李树大量结果后，树势趋于缓和且较稳定，修剪的目的是调整生长与结果的相对平衡，维持盛果期的年限。在修剪上对初进入盛果期的树应该以短截为主，疏剪为辅，适当回缩，在保持结果正常的条件下，要每年保证有一定量的壮枝新梢，只有这样才能保持树势，也才能保证每年有年轻的花束状果枝形成，保持旺盛的结果能力。

（三）衰老树的修剪

当李树树势明显减弱，结果量明显降低，证明树已衰老。此时修剪的目的是恢复树势，维持产量，修剪以冬剪为主，促进更新。在加强地下肥水的基础上，适当重截，去弱留强，对弱枝头，及时回缩更新，促进复壮。

第七篇 病虫害及其防治

一、病 害

（一）褐腐病

又称果腐病，是桃、李等果树果实的主要病害，在我国李子种植区普遍发生。

1. 为害症状

褐腐病可为害花、叶、枝梢及果实等部位，果实受害最重，幼果发病初期，呈现黑色小斑点，后来病斑木栓化，表面龟裂，严重时病果变褐、腐烂，最后成僵果。花受害后凋萎、变褐、枯死，常残留于枝上，长久不落。嫩叶受害，自叶缘开始变褐，很快扩展至全叶。病菌通过花梗和叶柄向下蔓延到嫩枝，形成长圆形溃疡斑，赤褐色，常引发流胶。空气湿度大时，病斑上长出灰色霉丛。当病斑环绕枝条一周时，可引起枝梢枯死。果实从幼果至成熟果都能受侵染，近成熟果受害最重。

2. 发病规律

病菌主要以菌丝体在僵果或枝梢溃疡斑病组织内越冬。第二年春天产生大量分生孢子，借风雨、昆虫传播，通过病虫及机械伤口侵入。在适宜条件下，病部表面长出大量的分生孢子，引起再次侵染。在贮藏期间，病果与健果接触，能继续传染。花期低温多雨，易引起花腐、枝腐或叶腐。果熟期间高温多雨，空气湿度大，易引起果腐，伤口和裂果易加重褐腐病的发生。

3. 防治方法

（1）消灭越冬菌源：冬季对树上树下病枝、病果、病叶应彻底清除，集中烧毁或深埋。

（2）喷药防护：在花腐病发生严重地区，于初花期喷布 70% 甲基托布津可湿性粉剂 800～1000 倍液。无花腐发生园，于花后 10 天左右喷布 65% 代森锌可湿性粉剂 600 倍液，或 80% 代森锰锌可湿性粉剂 800～1000 倍液，或 25% 吡唑醚菌酯乳油 1500～2000 倍液。之后，每隔半个月左右再喷 1～2 次。果成熟前 1 个月左右再喷 1～2 次 45% 咪鲜胺水乳剂 1000～1500 倍液。

（二）细菌性穿孔病

是核果类果树（桃、李、杏、樱桃等）常见病害。

1. 为害症状

叶片感病后，叶背面靠叶腋处出现许多水渍状小圆斑，叶面也很快出现同样的斑点。病斑逐渐扩大，呈近圆形或不规则形，

褐色或红褐色，直径一般2毫米左右，周围有黄绿色晕环，以后病斑干枯，周围出现一圈裂纹，只有很少部分与叶肉相连，极易脱落形成穿孔。

2. 发病规律

细菌性穿孔病的病源是细菌，冬季主要在病残体（溃疡斑）内越冬。在李树抽梢展叶时，细菌自溃疡病斑内溢出，通过雨水传播，经叶片的气孔、枝果的皮孔侵入，幼嫩的组织最易受侵染。5～6月开始发病，雨季为发病盛期。

3. 防治方法

（1）加强栽培管理、清除病源：合理施肥、灌水和修剪，增强树势，提高树体抗病能力；生长季节和休眠期对病叶、病枝、病果及时清除。特别是冬剪时，彻底剪除病枝，清除落叶、落果，集中深埋或烧毁，消灭越冬菌源。

（2）药剂防治：在树体萌芽前刮除病斑后，全株喷布波美3～5度石硫合剂。生长季节从4月上旬开始每隔15天左右喷药1次，连喷3～4次，可用3%中生菌素可湿性粉剂800～1000倍液，或8%宁南霉素水剂1500～2000倍液，或72%硫酸链霉素可溶粉剂3000倍液，或50%氯溴异氰尿酸可溶粉剂1000倍液，或1.8%

辛菌胺醋酸盐水剂 600 ~ 800 倍液等交替喷雾。

（三）细菌性根癌病

细菌性根癌病又名根头癌肿病。受害植株生长缓慢，树势衰弱，缩短结果年限。

1. 为害症状

细菌性根癌病主要发生在李树的根颈部，嫁接口附近，有时也发生在侧根及须根上，其中尤以从根颈长出的大根最为典型。病瘤形状为球形或扁球形，初生时为黄色，逐渐变为褐色到深褐色，老熟病瘤表面组织破裂，或从表面向中心腐烂。

2. 发病规律

细菌性根癌病病菌主要在病瘤组织内越冬，或在病瘤破裂、脱落时进入土中，在土壤中可存活 1 年以上。雨水、灌水、地下害虫、线虫等是田间传染的主要媒介，苗木带菌则是远距离传播的主要途径。细菌主要通过嫁接口、机械伤口侵入，也可通过气孔侵入。细

菌侵入后，刺激周围细胞加速分裂，导致形成癌瘤。此病的潜伏期从几周到 1 年以上，以 5 ~ 8 月发病率最高。

3. 防治方法

（1）繁殖无病苗木，选无根癌病的地块育苗，并严禁采集病园的接穗，如在苗圃刚定植时发现病苗应立即拔除。并清除残根集中烧毁，用 1% 硫酸铜液消毒土壤。

（2）苗木消毒用 1% 硫酸铜液浸泡 1 分钟，或用 50% 氯溴异氰尿酸可溶粉剂 1000 倍液浸根 3 分钟。杀死附着在根部的细菌。

（3）刮治病瘤：早期发现病瘤，及时切除，用 1.8% 辛菌胺醋酸盐水剂 300 倍液消毒保护伤口。对刮下的病组织要集中烧毁。

（四）黑斑病

1. 为害症状

枝、叶、果实均能受害，以叶为重。枝条受害，多以皮孔为中心形成褐紫色近圆形病斑。叶片受害，初期表面出现水渍状边缘清晰的圆形小斑，不断扩大成褐色或紫褐色，后呈暗褐色，最后干枯形成穿孔。果实被害初期为灰色水渍状病斑，扩大后呈暗紫色，干枯后常有龟裂。

2. 发病规律

病菌主要在被害枝条病斑上越冬，第二年继续扩展，散发大量病菌，借风、雨传播。在云南省 4 月开始发病，夏季干旱月份发病较轻。

3. 防治方法

（1）选择无病苗木栽植。

（2）加强果园管理。结合冬剪，剪除病枝集中烧毁。

（3）发芽前喷 3 ~ 5 波美度石硫合剂。展叶后至发病前喷 10% 苯醚甲环唑水分散粒剂 1000 ~ 2000 倍液，或 70% 甲基托布津可湿性粉剂 1000 倍液，或 75% 的百菌清可湿性粉剂 1000 倍液，或 65% 代森锌可湿性粉剂 600 倍液，7 ~ 10 天喷 1 次，根据情况确定喷药次数，一般 2 ~ 3 次。

（五）李红点病

1. 为害症状

为害叶片和果实。叶片发病初期，产生橙红色、稍隆起、近圆形病斑，病健交界处界限明显。病斑扩大后颜色加深，病部叶肉变厚，隆起，其上产生许多深红色小点。秋末，病叶变为红黑色，正面凹陷，背面凸起，使叶片卷曲，并生出黑色小点。发病严重时叶片上密布病斑，叶色变黄，常造成早期落叶；果实上的病斑近圆形，微隆起，橙红色至红褐色。病果多畸形，易脱落。

2. 发病规律

病菌以子囊孢子在病叶上越冬，次年春天开花末期，产生大量子囊孢子，随风雨传播。此病从展叶期至 9 月中旬均可发病，7 月中旬为发病高峰，多雨年份或雨季发病重，低温多雨年份或植株和枝叶过密的李园发病较重。

3. 防治方法

（1）彻底清理果园的病叶、病果，集中烧毁或深埋。

（2）萌芽前喷 3 ~ 5 波美度石硫合剂，开花末期及叶芽开放时每隔 10 ~ 15 天喷 80% 大生 M-45 可湿性粉剂 1000 倍液，或 50% 多菌灵可湿性粉剂 600 倍液，或 70% 甲基硫菌津可湿性粉剂 800 倍液，10% 苯醚甲环唑水分散粒剂 1000 ~ 2000 倍液等。

（3）加强修剪、排水和中耕，避免果园湿度过大。

（六）炭疽病

1. 为害症状

主要为害果实，也能为害新梢和叶片。幼果受害时，先出现水渍状褐色病斑，逐步扩大成圆形或椭圆形红褐色病斑，病斑处明显凹陷。气候潮湿时长出粉红色的小点，果实成熟期最明显的症状是病斑呈同心环状皱缩。病果绝大多数腐烂脱落，少数成僵果

挂在枝上，枝条受害后，产生褐色凹陷的长椭圆形病斑，表面也长出粉红色小点，枝条一边弯曲，叶片下垂纵卷成筒状。叶片发病产生圆形或不规则形病斑，有粉红色小点长出。最后病斑干枯脱落形成穿孔。

2. 发病规律

该病菌主要是以菌丝体在病组织或僵果中越冬，翌年春季散发出分生孢子，随风雨传播和昆虫传播，在条件适宜时进行再侵染，幼果期遇到低温多雨的天气，或果实成熟期遇到闷热潮湿的天气，易发病，管理粗放、树势较弱的果园发病较严重。一般早熟品种发病轻，晚熟品种发病较重。

3. 防治方法

（1）加强果园管理：合理施肥灌水，增强树势，提高树体抗病力。科学修剪、疏花、疏果，剪除病残枝及茂密枝，调节通风透光，雨季注意果园排水，保持适度的温、湿度，结合修剪，清理果园，将病残物集中深埋或烧毁，减少病源。

（2）选择较抗病品种。

（3）化学防治：在春季萌芽前喷 3 ~ 5 波美度石硫合剂，萌芽后喷一次 65% 代森锌可湿性粉剂 600 倍液。花后可用 70% 甲基托布津可湿性粉剂 800 倍液，或 50% 多菌灵可湿性粉剂 1000 倍液，或 75% 百菌清可湿性粉剂 800 ~ 1000 倍液，或 50% 咪鲜胺乳油 1000 ~ 1500 倍液等，交替使用。

（4）进行果实套袋。

（七）流胶病

李子流胶病的发病原因有2种：一种是非侵染性的病原，如机械损伤、病虫伤害、霜害、冻害等伤口引起的流胶或管理粗放、修剪过重、结果过多、施肥不当、土壤黏重等引起的树体生理失调发生的流胶。另一种是侵染性病原，侵染性流胶的有性阶段属子囊菌亚门，无性阶段属半知菌亚门。

1. 为害症状

（1）非侵染性流胶主要发生在主干和大枝上，初期病部稍肿胀，后分泌出半透明、柔软的树胶，雨后流胶重，随后与空气接触变为褐色，成为晶莹柔软的胶块，后干燥变成红褐色至茶褐色的坚硬胶块，随着流胶数量增加，病部皮层及木质部逐渐变褐腐朽（但没有病原物产生）。致使树势越来越弱，严重者造成死树，雨季发病重，大龄树发病重，幼龄树发病轻。

（2）侵染性的流胶主要为害枝干，也侵染果实。病菌侵入李子树当年生新梢，新梢上产生以皮孔为中心的瘤状突起病斑，但不流胶，翌年5月份，瘤皮开裂溢出胶状液，为无色半透明黏质物，后变为茶褐色硬块，病部凹陷成圆形或不规则斑块，其上散生小黑点。多年生枝干感病，产生水泡状隆起，病部均可渗出褐色胶液，可导致枝干溃疡甚至枯死。果实感病发生褐色腐烂，其上密生小粒点，潮湿时流出白色块状物。

2. 发病规律

（1）非侵染性的病原引起的流胶，只要管理粗放、病虫严重的果园，修剪不当、施肥不合理等农事操作都会引起李子流胶。

（2）侵染性流胶病以菌丝体、分生孢子器在病枝里越冬，次年3月下旬~4月中旬散发生分生孢子，随风而传播，主要经伤口侵入，也可从皮孔及侧芽侵入。特别是雨天从病部溢出大量病菌，顺枝干流下或溅附在新梢上，从皮孔、伤口侵入，成为新梢初次感病的主要菌源，枝干内潜伏病菌的活动与温度有关。当气温在15℃左右时，病部即可渗出胶液，随着气温上升，树体流胶点增多，病情加重。侵染性流胶病一年有2个发病高峰，第一次在5月上旬至6月上旬，第二次在8月上旬~9月上旬，以后就不再侵染为害，病菌侵入的最有利时机是枝条皮层细胞逐渐木栓化，皮孔形成以后。因此防止此病以新梢生长期为好。

3. 防治方法

（1）加强李子园管理，增强树势：增施有机肥，改善土壤团粒结构，提高土壤通气性能。低洼积水地注意排水，酸碱土壤应适当施用石灰或钙镁磷，不用或少用过磷酸钙。改良土壤，盐碱地要注意排盐。合理修剪，减少枝干伤口，避免李子园连作。

（2）调节修剪时间，减少流胶病发生：李子树生长旺盛，生长量大，生长季节进行短截和疏剪，人为造成伤口，遇高温、高湿环境，伤口容易出现流胶现象。通过调节修剪时期，不在秋季修剪，在春夏季节修剪后在剪口处涂药（可用伤口愈合剂、糊涂、树大夫等涂抹）。冬季修剪不需涂药，冬季修剪同样有伤口，但因气温较低，空气干燥，很少出现伤口流胶现象。

（3）主干刷白，减少流胶病发生：冬夏季节进行2次主干刷白，防止流胶病发生。

（4）夏季全园覆草：夏秋高温干旱季节全园覆盖10厘米厚的杂草或稻草，不但能够提高果园土壤含水量，利于果树根系生长，强壮树体，而且十分有效地防止地面辐射热导致的日灼病而发生流胶病。

（5）消灭越冬菌源：在最冷的12月～2月上旬进行清园消毒，刮除流胶硬块及其下部的腐烂皮层和木质，集中起来烧毁，然后喷45%晶体石硫合剂200倍液消毒，后进行树干、大枝涂白，消灭越冬菌源、虫卵，同时还可预防冻害、日灼病的发生。李子树发芽前，树体上喷3～5波美度石硫合剂，杀灭越冬后的病菌。

（6）及时防治虫害，减少流胶病的发生：4～5月份及时防治天牛、吉丁虫等害虫侵害根茎、主干、枝梢等部位，以免发生流胶病。防治桃蛀螟幼虫、卷叶蛾幼虫、梨小食心虫、椿象等蛀果害虫为害果实出现流胶病。

（7）生石灰粉防治法：将生石灰粉涂抹于流胶处即可，涂抹后5～7天全部停止流胶，症状消失，不再复发。涂粉的最适期为树液开始流动时，即3月底，此时正是流胶的始发期，发生株数少、流胶范围小，便于防治，减少树体养分消耗。以后再发现症状就及时处理进行治疗，阴雨天防治最好，此时树皮流出的胶液黏度大，容易沾上生石灰粉。流胶严重的果树或衰老树用刀刮去干胶和老翘皮，露出嫩皮后，涂粉效果更好。

（8）生长季适时喷药：3月下旬～4月中旬是侵染性流胶病弹出分生孢子的时期，5月上旬～6月上旬、8月上旬～9月上旬为侵染性流胶

病的2个发病高峰期，可结合防治其他病害，喷3%中生菌素可湿性粉剂800～1000倍液，或8%宁南霉素水剂1500～2000倍液，或72%硫酸链霉素可溶粉剂3000倍液，或50%氯溴异氰尿酸可溶粉剂1000倍液，或1.8%辛菌胺醋酸盐水剂600～800倍液，或80%乙蒜素乳油1000～2000倍液，或70%甲基托布津可湿性粉剂800倍液，或70%代森锰锌600～800倍液等。每隔7～10天喷1次，交替连喷2～3次。

二、虫 害

（一）桑白蚧（又称桑盾蚧）

1. 为害特点

以若虫或雌成虫聚集固定在枝干上吸食汁液，随后密度逐渐增大。虫体表面灰白或灰褐色，受害枝长势减弱，甚至枯死。

2. 发生规律

一年发生代数由北往南递增，黄河流域2代，长江流域3代，海南、广东为5代，云南省每年发生4代，均以受精雌虫在枝干上越冬。3月下旬开始产卵，卵产于蚧壳下，产卵后干缩而死。产卵期长短与气温高低成反比，雌成虫产卵后死于蚧壳内，呈紫黑色。初

孵若虫活跃喜爬，5～11小时后固定吸食，不久即分泌蜡质盖于体背，逐渐形成蚧壳。雌若虫3次蜕皮变成无翅成虫，雄若虫2次蜕皮后化蛹。若虫5月初开始孵化，自卵壳爬出后在枝干上到处乱爬，几天后，找到适当位置即

固定不动，并开始分泌蜡丝，蜕皮后形成蚧壳，把口器刺入树皮下吸食汁液。雌虫二次蜕皮后变为成虫，在介壳下不再活动，但还吸食为害。雄虫第二次蜕皮后变为蛹，在枝干上密集成片，6月中旬成虫羽化，与雌虫进行交尾。雌虫6月下旬产卵，第2代雌成虫发生在9月间，交配受精后，在枝干上越冬。低地地下水位高，密植郁蔽多湿的小气候有利其发生。枝条徒长、管理粗放的李子园发生也多。

3. 防治方法

（1）做好冬季清园，结合修剪，剪除受害枝条，刮除枝干上的越冬雌成虫，并喷一次3～5波美度石硫合剂，消灭越冬虫源，减少翌年为害。

（2）抓住第一代若蚧发生盛期，趁虫体未分泌蜡质时，用硬毛刷或细钢丝刷刷掉枝干上的若虫，并剪除受害严重的枝条。

（3）药剂防治：在各代若虫孵化高峰期，尚未分泌蜡粉蚧壳前，是药剂防治的关键时期。可用下列药剂：3%苯氧威乳油1000～1500倍液，或25%速灭威可湿性粉剂600～800倍液，或50%甲萘威可湿性粉剂800～1000倍液，或2.5%氯氟氰菊酯乳油1000～2000倍液，或45%高

效氯氰菊酯乳油 2000 ~ 2500 倍液，或 20% 氰戊菊酯乳油 1000 ~ 2000 倍液，或 20% 甲氰菊酯乳油 2000 ~ 3000 倍液，或 2.5% 氟氯氰菊酯乳油 2500 ~ 3000 倍液，或 10% 吡虫啉可湿性粉剂 1500 ~ 2000 倍液等，均匀喷雾。在药剂中加入 0.2% 的中性洗衣粉，可提高防治效果。或在蚧壳形成初期，用 25% 噻嗪酮可湿性粉剂 1000 ~ 1500 倍液、45% 松脂酸钠可溶性粉剂 80 ~ 120 倍液、95% 机油乳油 200 倍液喷雾，防效显著。

（二）朝鲜球坚蚧

1. 为害症状

以若虫和雌成虫吸食寄主枝干的汁液。冬季枝条上有毡状蜡被，4 ~ 5 月间枝条上有深红色半球状蜡壳。削弱树势，甚至造成枝条枯死。

2. 发生规律

一年发生 1 代，以 2 龄若虫在枝干上越冬。翌年 3 月中下旬越冬若虫开始活动，从蜡质覆盖物下爬出，固着在枝条上吸食汁液。4 月中下旬成虫羽化交尾，受精雌成虫体渐渐膨大成球形，雄虫开始化蛹。5 月初羽化出成虫，与雌虫交尾后不久即死亡。雌虫于 5 月下旬抱卵于腹下，抱卵后雌成虫逐渐干缩，仅留一空介壳，壳内充满卵粒，

6月上旬前后孵化。初孵若虫爬出母壳后分散到枝条上为害，至秋末蜕皮变为2龄若虫，即在蜕皮壳下越冬。

3. 防治方法

（1）休眠期防控，冬春季节结合刮树皮和修剪等；剪除带虫枝条，集中销毁。或人工刮除枝条上的越冬蚧壳虫，在春季发芽前选喷3～5波美度石硫合剂，松脂合剂15倍液，15%柴油乳剂1000倍液等。

（2）生长期防控：可用20%甲氰菊酯乳油1000倍液，或40%啶虫·毒乳油1500～2000倍液，或25%溴氰菊酯乳油1000～1500倍液等，防治效果均较好。上述药剂中混1%的中性洗衣粉可提高防治效果。采果后可用40%毒死蜱乳油600～800倍液+25%噻嗪酮可湿性粉剂1000～1500倍液清园。

（3）保护和利用天敌，特别是对黑缘红瓢虫的保护和利用，调整施药的时期和方法，避免杀伤天敌。

（三）蚜 虫

为害李树的蚜虫主要有桃蚜、桃粉蚜和桃瘤蚜三种。

1. 为害症状

为害叶片，以及新梢和果实。若虫、成虫群集于叶片背面刺吸汁液，致被害叶面失绿并向背面

纵卷，卷叶内有白色蜡粉。严重时叶片提前脱落，嫩梢干枯，并诱发煤污病。桃蚜为害使叶片不规则卷曲；瘤蚜则造成叶从边缘向背面纵卷，卷曲组织肥厚，凹凸不平；桃粉蚜为害使叶向背面对合纵卷并分泌白色蜡粉和蜜汁。

2. 发生规律

以卵在枝梢腋芽、小枝岔处及树皮裂缝中越冬，第二年芽萌动时开始孵化，群集在嫩芽上为害。展叶后转至叶背为害，4～5月份繁殖最快，为害最重。蚜虫繁殖很快，桃蚜一年可达20～30代，6月份桃蚜产生有翅蚜，飞往其他果树及杂草上为害。10月份再回到李树上，产生有性蚜，交尾后产卵越冬。

3. 防治方法

（1）消灭越冬卵，刮除老皮，在萌芽前喷55%的柴油乳剂1000倍液。

（2）药剂涂干，40%毒死蜱乳油（或乐果）2～3倍液，在刮去老粗皮的树干上涂5～6厘米宽的药环，外缚塑料薄膜。但此法要注意药液量不宜涂得过多，以免发生药害。

（3）喷药：花后用10%顺式氯氰菊酯乳油2500倍液，或70%吡虫啉水分散粒剂40000～50000倍液，或25%噻虫嗪水分散粒剂1000～1500倍液，或20%啶虫脒悬浮剂2500倍液，或4.5%高效氯氰菊酯乳油1000～1500倍液，或5%双丙环虫酯悬浮剂1500倍，或46%氟啶虫酰胺悬浮剂2000倍，或5%来福灵乳油3000倍液等交替喷施。

（四）李实蜂

李实蜂在西南、西北、华北、华中等李果产区均有发生，某些年份有的李园因其为害造成大量落果甚至绝产。

1. 为害症状

以幼虫蛀入幼果核部，不仅食尽果核，果肉亦多被食空，内积虫粪，有时造成90%的果实被害，被为害后的

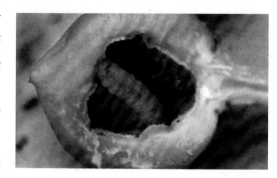

李果，呈大豆一样大小，果实上有一小黑点或黑色小洞，用手指轻捏会发出"叭"声，此种果实会逐渐掉落。

2. 发生规律

一年发生1代，以老熟幼虫在10厘米深的土层中或土面裂缝间及土块下结茧越冬。成虫羽化出土后，在树冠上部成群飞舞或在花间活动，当天即可交配产卵。卵多产于花托和花萼的表皮下，以花托上产卵最多。一般每花产卵1粒，也有一花上产2～5粒的。幼虫孵化后咬破花托外表皮，向上爬行再蛀入子房。多数从顶部蛀入，也有从中部蛀入的，蛀孔有针头大小。随着幼果的生长，幼虫在果内蛀食果核及果肉，仅剩下果皮，虫粪堆积果内。一头幼虫只为害一个果实，无转果为害习性。幼虫老熟后多在果实的中、下部咬一直径为1.5～2毫米的圆孔脱离果

实。坠落地面，钻入土中；也有的随被害落果坠地，再脱果入土。幼虫多在树冠下10厘米深的土层内结一长椭圆形茧越冬，以离主干50厘米至树冠外缘的土层内最多。

果园管理粗放，不进行修剪或修剪不当；开花期没有打药防治；果园内杂草丛生，果树枝繁叶茂，通风透光条件差等原因造成该虫严重，果园独特的小气候，给李实蜂害虫创造了理想的繁殖场所，虫源基数逐年扩大，为害逐年严重。

3. 防治方法

（1）4月上旬～5月中旬为李子幼果期，经常观察果实生长情况，发现树下有落果，要及时捡净运出园地深埋，可降低来年虫口密度。

（2）冬季结合果园冬管措施，深翻树盘土壤15～20厘米，消灭部分越冬幼虫。

（3）地面施药：成虫羽化期和幼虫入土前，进行地面施药毒杀出土成虫及未入土幼虫，是很有效的防治措施。可用10%二嗪农颗粒剂1千克加细土25千克拌合撒施，或用4%敌马粉剂在树冠下地面撒施，或50%辛硫磷乳油200～300倍液浇施，施后必须用耙子耙匀，使药、土混合均匀。

（4）成虫发生期，树上喷施10%氯氰菊酯乳油2000倍液，或50%杀螟松乳油1500倍液，或喷2.5%功夫菊酯乳油1500倍液，或20%杀灭菊酯乳油2500倍液，或20%灭扫利乳油2000倍液，或50%来福灵乳油2500倍液等防治，连防2～3次。

（五）卷叶虫类

为害李树的卷叶虫以顶梢卷叶蛾、黄斑卷叶蛾和黑星麦蛾较多。

1. 为害症状

顶梢卷叶蛾主要为害梢顶，使新的生长点不能生长，对幼树生长为害极大，黑星麦蛾、黄斑卷叶蛾主要为害叶片，造成卷叶。

2. 发生规律

顶梢卷叶蛾、黑星麦蛾一年多发生3

代，黄斑卷 3 ~ 4 代，顶梢卷叶蛾以小幼虫在顶梢卷叶内越冬。成虫有趋光性和趋糖、醋性。黑星麦蛾以老熟幼虫化蛹，在杂草等处越冬，黄斑卷越冬型成虫在落叶、杂草及向阳土缝中越冬。

3. 防治方法

卷叶蛾的防治应以人工防治为主，药剂防治为辅。这是因为：一是顶梢卷叶蛾主要为害幼树，对盛果期李树的产量和质量均无影响；二是在顶梢卷叶危害，形成拳头状，且干枯不落，极易发现；三是卷叶紧密，药剂防治难以奏效；四是在 6 月中下旬 ~ 7 月上旬药剂防治可收到良好效果但会杀伤大量天敌。具体方法：

（1）冬季结合修剪，彻底剪除虫梢。

（2）生长季随时剪除虫梢或捏死卷叶虫的幼虫。

（3）药剂防治：4 ~ 5 月在第一代卵盛期和孵化盛期，在幼虫未卷叶时，喷洒 90% 晶体敌百虫 600 倍液，或 20% 杀灭菊酯乳油 4000 倍液，或 20% 灭扫利乳油 2000 倍液，或 2.5% 敌杀死（溴氰菊酯）乳油 2500 倍液，或 10% 吡虫啉可湿性粉剂 1000 倍液等喷雾防治。

（六）黄刺蛾

1. 为害症状

初孵幼虫在寄主叶背群集啃食叶肉，形成白色圆形半透明小斑，几日后小斑连成大斑，大龄幼虫将叶食成缺刻，严重时将叶片吃光。毒毛刺入痛痒，极扰民。

2. 发生规律

一年发生 1 代，以老熟幼虫在枝条上或树干上的茧里越冬。6月中旬化蛹，6月下旬～7月上中旬为成虫羽化期。卵期产在叶背面，一叶上只产几粒。幼虫发生期为7月上中旬～8月下旬。小幼虫群栖为害，初取食叶肉，稍大后把叶吃成不规则缺刻，严重时只剩叶柄和主脉，随着虫龄增加食量增大，大发生年份，能将全株树叶片吃光。

3. **防治方法**

（1）夏季和冬春季结合修剪等田间生产作业，剪除虫茧或掰掉虫茧。

（2）在低龄幼虫群集为害时剪除虫叶，杀死幼虫。

（3）在幼虫低龄期喷洒20%敌灭灵悬浮剂1000倍液，或20%灭幼脲3号悬浮剂600倍液，或青虫菌800倍液，或50%速灭杀丁乳剂乳油3000倍液，或4.5%高效氯氰菊酯乳油1000倍液，或喷洒1.2%阿维菌素微胶囊悬浮剂1500倍液毒杀幼虫。

（4）注意保护利用广肩小蜂、姬蜂、螳螂等天敌。

（七）桃蛀螟

1. **为害症状**

初孵幼虫啃食花丝或果皮，随即蛀入果内，同时排出黑褐色粒状粪便，堆集或悬挂于蛀孔部位，遇雨从虫孔渗出黄褐色汁液，引起果实腐烂。幼虫一般从花或果的萼筒、果与果、果与叶、果与枝的接触处钻入。被蛀食的果实、种仁，成"豆沙馅""坏仁"等症状，幼虫为害李子时从果梗基部沿果核蛀入果心，果梗、果心均有虫粪，果外蛀孔处常流胶。

2. 发生规律

在云南每年发生3～4代，以老熟幼虫在落果、树干基部的皮缝及玉米秆内吐丝绕身越冬。成虫有趋光性，还趋糖、醋液，多伏于叶背面，活动、交尾、产卵均在夜间进行，白天和阴天一般不活动。卵一般散产于两果交接处。卵期为6～8天，第一代幼虫在5月上旬孵化。初孵幼虫经短距离爬行后即蛀入果内。受害果会有黄褐色透明胶汁从蛀孔分泌出来，与粪便混为一起附贴于果面上。幼虫期为15～20天，老熟幼虫通常在两果接缝处或果内化蛹。蛹期为8～10天，5月下旬～6月上旬羽化成虫，转换寄主，继续为害。以后约每隔1个月发生1代，直到9月幼虫老熟越冬。

3. 防治方法

（1）清洁果园：在冬季或早春处理玉米、向日葵、高粱等越冬寄主的残体，刮除老树翘皮，集中处理，以消灭越冬幼虫。

（2）诱杀成虫：5月上旬，在李园内点黑光灯、频振式杀虫灯或用糖、醋液诱杀成虫，此法可同时诱杀李小食心虫。或在树冠外围挂桃蛀螟性信息素诱芯，每3棵树挂1个，定期更换诱芯，清理虫体。

（3）果实套袋：在幼果开始膨大而成虫出现前进行套袋。早熟品种在套袋前结合防治病虫喷药1次。

（4）药剂防治：成虫产卵盛期至孵化初期喷药1～2次，消灭初孵幼虫，药剂可用20%氰戊·马拉松乳油1500～2000倍液，或20%灭幼脲悬浮剂1500倍液，或10%联苯菊酯乳油2000倍液，或40%毒死蜱乳油1000倍液，或2.5%氯氟氰菊酯乳油1500～2000倍液，或2.5%溴氰菊酯乳油2000～3000倍液，或20%灭扫利乳油2000倍液，或

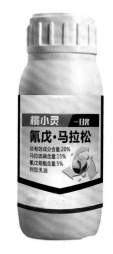

1.8%阿维菌乳油1000倍液，或37%虫杀宝乳油1500倍液等喷雾防治。

（八）蓟 马

1. 为害症状

以成虫和若虫锉吸李子的幼嫩组织（叶片、花、果实等）汁液，被害的嫩叶变硬卷曲枯萎，植株生长缓慢，节

间缩短；幼嫩果实被
害后会硬化，严重时
造成落果，严重影响
产量和品质。

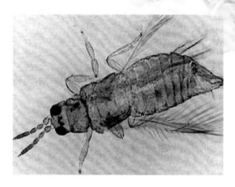

2. 发生规律

一年发生 17 ~ 18
代，世代重叠，终年
繁殖，在李子上 4 ~ 6 月为害嫩叶、花和幼果，也是对李
子为害最严重的阶段，其余时间为害蔬菜和其他农作物。
蓟马成虫活跃，善飞、怕光，多在花内取食，少数在叶背
危害。雌成虫主要进行孤雌生殖，也偶有两性生殖；卵散
产于叶肉组织内，每雌产卵 22 ~ 35 粒，若虫怕光，到 3
龄末期停止取食，坠落在表土中越冬。

3. 防治方法

（1）早春清除田间杂草和枯枝残叶，集中烧毁或深
埋，消灭越冬成虫和若虫。加强肥水管理，促使植株生长
健壮，减轻为害。

（2）利用蓟马趋蓝色的习性，在田间设置蓝色粘板，
诱杀成虫，粘板高度与李子高度持平。

（3）药物防治：25% 噻虫嗪水分散粒剂
2000 ~ 3000 倍液，或 25% 吡虫啉 2000 倍液，或 5% 啶
虫脒可湿性粉剂 1500 倍液，或 4.5% 高氯乳油 1000 倍液，
或 5% 溴虫氰菊酯 1000 ~ 1500 倍液，或 2.5% 多杀菌素
悬浮剂 1000 ~ 1500 倍液等 2 ~ 3 种混合喷雾，见效快，
持效期长。为进一步提高防效，农药要交替轮换使用。

在喷雾防治时，应不留死角，喷湿喷透，降低残留虫口数量。

（九）李小食心虫

1. 为害症状

该虫是为害李树果实最严重的害虫，被害果实内呈"豆沙馅"状，并在虫孔处流出果胶，果实提早变红脱落，严重影响果实品质和产量。虫果率在不进行防治的情况下害虫发生可达100%，虫果率与损失率几乎等同。

2. 发生规律

李小食心虫每年发生2～3代，一般以第二或第三代的老熟幼虫在树木周围的1～5厘米土层中、草根内或石块下作茧越冬，根据实际观察情况，发现在距树木主干的30～90厘米的地方，土层1～5厘米深处的虫量最多，在翌年的4月下旬～5月下旬，越冬幼虫陆续羽化，一般在每年的6月上旬为羽化的高峰期。一般在5月下旬～6月上旬第一代幼虫就开始出现，经过15～40天（6月中旬）幼虫即开始老熟，而后慢慢脱果掉落到地面，并入土作茧化蛹。经过7～8天蛹期，6月下旬出现第一代成虫，成虫期为1个月，盛期集中在1周左右。整个过程完成要1个月，慢的约一个半月，产生世代重叠现象。成虫羽化后，当天即可交尾产卵，卵期一般在 3 ~ 4 天。7 月上旬第二代成虫开始羽化、产卵，一般会持续到 7 月下旬 ~ 8 月上旬，9 月上旬第三代幼虫慢慢老熟入土，并作茧，准备越冬。越冬的幼虫在出土前一般有二次作茧的习性。幼虫越冬后翌年春天羽化为成虫，成虫在李子谢花后产卵于叶面或叶柄，以后两代成虫产卵在果实胴体部，产卵量渐增大。第二代卵，在果实胴体上产 2 ~ 4 粒，第三代则达到 5 ~ 6 粒。幼虫孵化后有在果上爬行的习性。据统计，在三代幼虫的为害中，第二代幼虫对李子的为害最严重，为害率达 80% 以上，第三代幼虫的为害次之，为害率达 60%，第一代幼虫的为害最低，为害率达 18%，因此，越早防治越好。

3. 防治方法

（1）及时清理果园，将落果全部清出果园深埋或烧毁。尽量不要在园内随意采摘和食用，更不能将有虫子的果和核乱扔。秋季深翻，在树冠周围 3 米以内深翻 20 ~ 30 厘米，可机械杀死越冬蛹 60% ~ 70% 以上。

（2）地面用药，春天在李树谢花前，用 50% 辛硫磷乳油 1000 ~ 1500 倍液，或 40% 毒死蜱乳油 800 ~ 1000 倍液地面喷施，不能留死角，防止成虫羽化飞出产卵。

（3）在李树谢花后，用 25% 灭幼脲悬浮剂，每 30 ~ 40 毫升加水 75 千克，在晚上用手电筒顺树行照射喷药。

（4）当树木在进行生理落果前，可采用在树冠下土壤普遍喷洒 1 次 50% 辛硫磷乳油 1000 ~ 1500 倍液，或 40% 毒死蜱乳油 800 ~ 1000 倍液的方法，进行地面防治。

（5）在李子的谢花末期，当果实有麦粒大小的时候，用 2.5% 溴氰菊酯（桃小食心净）乳油 1000 ~ 1500 倍液进行第一次喷药，也可以使用敌杀死、速灭杀丁、来福灵等药剂，间隔 7 ~ 10 天喷施 1 次。

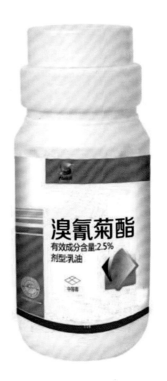

（6）在 4 月下旬 ~ 5 月上旬，果实长到黄豆粒大时，在孵化出来的幼虫未蛀果前，喷 20% 速灭杀丁乳油 2000 倍液，或 1% 甲维盐乳油 2000 倍液，每隔 10 天喷 1 次，至果实采收前 30 天不喷药，防止农药中毒。晚熟品种仍应继续喷药，防止第二、三代幼虫。

（7）用李小食心虫性诱剂监测成虫发生期和发生量，并在蛾高峰后 3 ~ 5 天打药，可取得很好的防效，一般可用 5% 来福灵乳油 2000 ~ 2500 倍液，或 2.5% 敌杀死乳油 1500 ~ 2000 倍液，或 20% 速灭杀丁乳油 2000 ~ 3000 倍液等进行喷雾。

（十）红颈天牛

1. 为害症状

是在树龄比较大的李树上发生特别严重的害虫，多发生于 5 年生以上的树体，被害株率达 22% 左右。主要是在树干基部倒出一堆堆木屑，秋季锯掉枯树就可见树干内部出现很多弯曲虫道，还可看到口器较小、暗褐色，前胸宽大，

桃红颈天牛成虫

后胸及腹部渐细，体分多节的白色天牛幼虫。受害后树势衰弱，展叶少，叶片小。有时也能结果实，但中期营养不足，树冠死掉半边，严重时整株枯死。这种害虫在黄干核品种上发生最重。其次是一号李子。

2. 发生规律

在云南 2 ~ 3 年完成 1 代，以各龄幼虫越冬，于 4 ~ 5 月羽化为成虫。羽化后的成虫在蛀道中停留 3 ~ 5 天出树，卵产在皮缝中，距地面 35 厘米以内树干上着卵居多。孵化后蛀入皮层，随虫体增长逐渐蛀入皮下韧皮部与木质部之间为害，长到 30 毫米以后才蛀入木质部为害，

多由下向上蛀食成弯曲的隧道，隔一定距离向外蛀一通气排粪孔；有的可蛀到主根分叉处，深达 35 厘米左右，粪屑积于隧道中，由于虫体的旋转蠕动而将粪屑由通气排粪孔挤出，堆积到孔口处、地面或枝干上。

3. 防治方法

（1）在成虫发生时期，4～5 月夏季中午利用成虫栖息枝条的习惯，捕杀成虫，或在 5 月中下旬成虫羽化高峰，喷 1% 甲维盐乳油 2000 倍液杀死成虫。

（2）冬季在树干或主枝上涂白涂剂（生石灰 10 份，硫黄粉 1 份，食盐 0.2 份调成），以阻止成虫产卵，

（3）用塑料薄膜密封包扎树干，基部用土压住，上部扎住口，在其内放磷化铝片 2～3 片，可以熏杀皮下幼虫。

（4）6 月中旬幼虫孵化时挖出皮下幼虫杀死。4～5 月份经常检查树体，发现有鲜虫粪时，用铁丝钩出虫道内虫粪，在其内塞入磷化铝药片（每片 0.6 克）。据虫孔大小将此药片分成 4～8 小块，每虫孔放入 1 块，而后用黄泥封孔，可熏杀幼虫，或在虫孔内塞入沾有 50% 敌敌畏 100 倍液的

棉花球，杀死幼虫。或用灭害灵喷排粪孔。

（十一）白星金龟子

1. 为害症状

白天成虫咬食李子的花、花蕾和果实，妨碍开花结实，降低花卉观赏价值。啃食果实造成果实腐烂，失去经济价值。成虫为害时猛击植株就有成虫飞走。

2. 发生规律

每年发生 1 代，以幼虫在土中越冬。5～6 月发生较多，一般 5 月中旬后，李子膨大期受害最重。成虫喜食成熟的果实，常数头或 10 余头聚集在果实或在树干上的烂皮凹穴部位啃食果实，这种现象在雨后更常见。成虫每日活动时间在上午 10 时前或下午 4～5 时后，受惊后即迅速飞起。成虫对糖醋或果醋有趋性，可利用此习性进行诱杀。卵产在土内或粪土堆里，孵化的幼虫即生活在其中。幼虫基本不食正在生长的植物根系，专食腐殖质。

3. 防治方法

（1）结合田间管理，深翻土壤，可机械杀死、人工捕杀幼虫，让暴露的幼虫被天敌（鸡、鸟）取食。

（2）诱杀成虫：①果醋液诱杀法：利用白星金龟子喜好果醋液的特性进行诱杀。果醋液的配制方法：落地果 1 份，食醋 1 份，糖 2 份，水 0.5 份。将落地果切碎，与醋、糖、水混合后煮成粥状，装入塑料瓶中（半瓶即可），然后再加入适量 90% 晶体敌百虫 500 倍液混合均匀。于白星金龟子成虫发生盛期，在果园中每隔 20 ~ 30 米挂 1 瓶，离地面高度为 1.2 ~ 1.5 米。瓶要靠近枝干，每天早晨清除白星金龟子死虫。

②果子诱杀法：将成熟或近成熟的李子、苹果、桃子挖 1 个小洞，滴入 40% 氧化乐果乳油 15 倍液 1 ~ 2 滴，挂于花木间，离地高度 1.0 ~ 1.5 米，每亩挂 30 个，或用性诱剂诱杀成虫。

③向日葵诱杀法：在果园里以单株分散种植的方法，每亩种向日葵 8 ~ 10 株，利用向日葵的香味诱集，每天早晨用一个袋子套住向日葵的花盘敲击，使成虫落入袋中，然后集中杀灭。

④以虫诱虫法：在果园里，按每亩挂 6 ~ 8 个啤酒瓶的标准，把啤酒瓶挂在离地面 1.5 米左右高处，捉 2 个或 3 个活的白星金龟子成虫放入啤酒瓶中，就会引其他成虫飞到瓶中。

（3）加强农业措施：有机肥要充分腐熟，细致耕翻整地，果园周围不堆积有机肥，尤其不要堆积未经腐熟的厩肥。

（十二）山楂红蜘蛛（也称山楂叶螨）

1. 为害症状

以成、幼、若螨刺吸李子叶片的汁液进行为害。被害叶片初期呈现灰白色失绿小斑点，后扩大，致使全叶呈灰

褐色，最后焦枯脱落。严重发生年份有的园子7～8月份树叶大部分脱落，造成二次开花。严重影响果品产量和品质，并影响花芽形成和翌年产量。

2. 发生规律

每年发生5～9代，以受精雌螨在枝干树皮裂缝内和老翘皮下，或靠近树干基部3～4厘米深的土缝内越冬。也有在落叶下、杂草根际及果实梗洼处越冬的。春季芽体膨大时，雌螨开始出蛰，日均温达10℃时，雌螨开始爬到嫩芽上为害，是花前喷药防治的关键时期。初花至盛花期为雌螨产卵盛期，卵期7天左右，第一代幼螨和若螨发生比较整齐，历时约半个月，此时为药剂防治的关键时期。进入4月上旬后，气温增高，红蜘蛛发育加快，开始出现世代重叠，防治就比较困难，5～6月份螨量达到高峰，为害加重，但随着雨季来临，天敌数量相应增加对红蜘蛛有一定抑制作用。8～9月间逐渐出现越冬雌螨。

3. 防治方法

（1）消灭越冬雌螨，结合防治其他虫害，刮除树干粗皮、翘皮，集中烧毁，在严重发生园片可竖干束草把，诱集越冬雌螨，早春取下草把烧毁。

（2）在李子树萌芽前喷3～5波美度石硫合剂，消灭越冬成虫。

（3）喷药防治：花后1～2周为第一代幼、若螨发生盛期。用15%哒螨灵乳油1500～2000

倍液，或5%尼索朗乳油2000倍液，或1.8%齐螨素乳油3000倍液，或73%的克螨特乳油2000倍液，或25%螨净乳油1500倍液，或20%螨克乳油1500～2000倍液等防治，轮换使用，以免引起害螨抗性。打药要细致周到，不要漏喷。

李园病虫害防治历

物候期	防治对象	防治措施
休眠期	各种病原及越冬虫、螨	剪除病、虫枝及枯枝；刮老翘皮；清除枯枝、落叶、杂草、落果并集中烧毁。硬毛刷刷除桑白蚧等蚧壳虫
萌芽期（2月下旬~3月上旬）	穿孔病、流胶病、疮痂病、褐腐病、红点病、介壳虫、山楂叶螨	喷3~5波美度石硫合剂或1∶1∶200波尔多液
花期（3月上、中旬）	李食蜂	树冠及地面喷2.5%溴氰菊酯乳油2000倍液，或50%辛硫磷乳油1000~1500倍液，或40%毒死蜱乳油800~1000倍液
展叶至花后（3月下旬~4月上旬）	褐腐病、疮痂病、流胶病、褐腐病、红点病、李小食心虫、蚜虫、山楂红蜘蛛、黄斑卷叶虫等	（1）喷3~5波美度石硫合剂，或琥珀酸铜100~200倍液，或50%代森铵1000倍液；（2）25%扑虱蚜可湿性粉剂2000倍液＋灭幼脲3号2000倍液；（3）糖醋液诱杀成虫
果实生长和新梢旺长期（5~6月）	穿孔病、红点病、褐腐病、蚜虫、卷叶虫、李小食心虫、桃蛀螟、红蜘蛛等	65%代森锌500倍液，琥珀酸铜100~200倍液，或75%甲基托布津800~1000溶液，每半个月一次，交替使用；灭幼脲3号2000倍液，40%杀螨利果2500倍液；5%吡虫啉可湿性粉剂1000倍液等
果实成熟期（6~9月）	红蜘蛛、卷叶虫、食心虫、刺蛾、天牛、金龟子等	0.2~0.3波美度石硫合剂，或40%灭幼脲3号2000倍液，或50%杀螟松1500倍液，或向天牛蛀孔中插磷化铝棉签或灌50倍敌敌畏乳油
采果后（9~11月）	卷叶蛾、天牛、浮尘子等	40%毒死蜱乳油1000倍液；向天牛蛀孔中注入50倍敌敌畏等

第八篇　花果管理、采收与储藏

中国李的栽培品种多自交不亲和，而且还有异交不亲和现象，因此李树常常开花很多，但落花、落果现象相当严重。落花、落果一般有三个高峰：第一次开花不久后就出现，直至开花结束，主要是花器发育不全，失去受精能力或未受精造成的。第二次从花后 2 ~ 4 周开始，果实似米粒大小时幼果和果梗变黄脱落，主要是授粉受精不良造成的，如授粉树不足，缺传粉昆虫，花期低温，花粉管不能正常伸长等。第三次是在第二次落果后 3 周左右开始，主要是因为营养供应不足，胚发育中途停止或死亡造成落果。因此要获得丰产、稳产需进行保花、保果，坐果后还要根据坐果的多少进行疏果，主要措施有：

一、加强采后管理

采摘后一定要及时施肥、修剪，保护好叶片，及时浇水灌溉，以恢复元气，健壮树势，分化充实花芽，可减少下年落花、落果的发生。肥料以速效氮肥为主，施肥量可根据结果多少，树势强弱而定。

二、人工辅助授粉，提高坐果率

（一）人工授粉

人工授粉是提高坐果最有效的措施，注意采集花粉要从亲和力强的品种树上采。在授粉树缺乏时必须搞人工授粉，即使不缺授粉树，但遇上阴雨或低温等不良天气，传粉昆虫活动较少，也应搞人工辅助授粉。人工授粉最有效的办法是人工点授，但费工较多。也可采用人工抖粉，即

在花粉中掺入 5 倍左右滑石粉等填充物，装入多层纱布口袋中，在李树花上部慢慢抖动。还可用掸授，即用鸡毛掸子在授粉树上滚动，后再在被授粉树上滚动。据浙江农大试验，用蜜李花粉给木李授粉，坐果率可达 21.8%，套袋自交的仅 5.4%，自然授粉的为 12.2%。

（二）花期喷硼

花期喷 0.1% ~ 0.2% 的硼酸钠 +0.004% 的芸苔素内酯也可促进花粉管的伸长，促进坐果，另外用 0.2% 的硼砂 +0.2% 磷酸二氢钾 +30ppm 防落素也有利于坐果。

（三）放　蜂

花前一周左右在李园每 1 公顷放 2 ~ 3 箱蜂，可明显提高坐果率。

三、人工疏花疏果，合理负载

（一）花前回缩及疏枝

对树势较弱树，对拉枝后较长的果枝进行回缩，并疏去过密的细弱枝，一可集中养分，加强通风透光，二可疏去一部分花，减少营养消耗，有利于提高坐果并增大果个。

（二）疏　果

疏果能适当增大李果果个，提高商品价值，还可保证连年丰产、稳产。因此李树在坐果较好时必须进行疏果。疏果量的确定应根据品种特性、果个大小、肥水条件等综合因素加以考虑。对坐果率高的品种，应早疏，并一次性定果。如北京的晚红李，只要授粉品种配置合理，坐果率极高，且不易落果，必须疏果，否则果个偏小。根据我们的生产实践，晚红李疏果应根据不同枝条的分布、数量，留果距离应有所区别。对背上强旺的 1 ~ 2 年生花束状枝可 5 ~ 7 厘米留一个果。对平斜的较壮花束状枝 7 ~ 10 厘米留一个果，而对下垂的细弱枝则应 15 ~ 20 厘米留一个果，甚至不留果，待枝势转强时再留果。对果实大的品种应留稀些，反之留密一些。肥水条件好树势强健的可适当多留果，而肥水条件差，树势又弱的树一定少留。

四、适时分批采收

（一）采　收

1. 采收时间

李子在采收时要保证适时、无伤采收。采收过早，果实口感不佳，产量低。采收过晚，果实过于成熟，果体已柔软，不耐贮藏，果实又失去了其经济价值。所以青皮系列的李子在其果皮转为黄绿色时为理想的采收时期，像紫色、红色、黑色果皮的李子，皮已经全部上色，但果肉仍较硬时为其理想的采收期。这个时期的李子果皮上都会有一层薄薄的果粉，可起到一定的保鲜作用。采收时选择气温凉爽的早晨或在傍晚果实温度降下来了之后采摘，下雨天不宜采收果实。采摘时可戴上手套，用手指捏住果梗从果枝上将果实摘下，不要直接触碰果体，以免触落果实上的蜡质层，影响外观和贮藏效果。当果园的果实成熟度不一致时，应分批进行采收。

2. 果实成熟的判断标准

（1）硬熟期也称为可采成熟度：此时果实已充分长大，黄色和绿色品种果皮由绿色转为绿白色，红色品种果

面着色达到
1/3～1/2，果
实已完成了生
长和化学物积
累。采收后在
适宜条件下可
自然完成后熟
过程，果肉硬

脆，远地运输或加工用品种，可在此时采收。

（2）半软熟期也称为食用成熟度：此时果实已经成
熟，红色品种着色 4/5 以上；黄色品种由绿色转为浅黄
色。果实中的各种营养物质经过转化已具有该品种的色、
香、味。此时采收风味最好，适于在当地销售生食或制作
果汁、蜜饯等加工品，但不宜长途运输或储藏。

（3）软熟期也称为生理成熟期：这时果实已经过分
成熟，黄色品种果实完全变成浅黄色，果肉已软绵、多
汁、营养价值和风味均下降，不能储运。采种在这一时期
进行。

3. 采收方法

采摘人员要剪去指甲（或者戴上手套），采摘时用手
指捏住果梗从果枝上将果实摘下，不能持握果体，以免触
落果实上的蜡质层，影响外观和贮藏效果。采收时，应按
照先外后内，先下后上的顺序进行。采摘时动作要轻，
不能损伤果枝，对果实要轻拿轻放，避免刺伤、捏伤、
挤伤。采收过程中要使用采摘筐等专用工具，所用的筐

箱要用软质材料衬垫。注意保护果面上的蜡粉，轻摘轻放，防止挤、压、抛、碰撞。这样，既可保持较为新鲜美观的商品外观，

又有利于提高品质。将采下的果实装入周转箱，放在树荫下，以免日光暴晒失水，及时运往分级包装场地进行分级包装。储藏用的李子，八成熟为采收适期。供生食时，以九成熟为采收适期。李子成熟度不一致，宜采取分期采收的方法，一般分 2 ~ 4 次采摘。做干果用的李，采收时可用竹竿一次全部击落。

（二）果实的挑选与分级

果实的挑选采用人工方法。首先剔除受病害侵染和受机械损伤的果实，然后按果实的大小、色泽、形状、成熟度等分级。分级的目的是使果品规格、品质一致，便于包装、储运和销售。分级时，可以按果实的大小分级，或按每千克几个果实分级，也可以按果实直径分级。

（三）果实的预冷

条件允许时，采收的果实要及时冷却，这是减少采后损失最有效的方法。李子多在夏季高温时成熟，果实采下时温度较高，如不及时将果温降到适宜的储藏温度，会缩短储藏寿命。

1. 采收果实直接堆垛的危害

（1）为使果垛尽快降温，须加大送风量和送风温差，这就必然造成耗电量大，冷风机冲霜频繁，浪费能源。

（2）每次进库果实均为热货，库温无法稳定，再加上包装物隔绝了果实与冷库内冷空气对流，减缓了果温下降速度，病害发生机会增加。

2. 预冷方法

（1）风冷法：

风冷法即采用冷风机冷却果品。风冷包括强制冷风和库房冷却两种方式。强制冷风，是把果箱垛好，然后抽风，让冷风从箱子空隙中进去，把热量带走。库房冷却，是把果品放在冷库中，箱子间留有空隙，使果品冷却。

（2）水冷法：

水冷法即采用水降温的办法。可用冷水从果实上面淋下，也可将盛有果实的塑料周转箱放入有流动水的槽中，从一端向另一端徐徐移动，让水将果实的热量带走。

（3）利用自然低温使果实冷却：

若没有预冷设施，可采用该法冷却果实。

①在清晨采收，不要在气温高时采收。

② 16：00 时以后采收。果实在树阴下放置一夜，次日早晨再装箱运输或入库。

③利用空房、地窖、树阴等阴凉处存放果品，避免阳光直射。

（四）果实的包装和运输

1. 包装

包装一般分为内包装和外包装两种：

（1）内包装通常为在盒子里面衬垫、铺垫、浅盘及各种塑料包装膜、包装纸及塑料盒等进行的包装。

（2）外包装包括用筐及各种材料的箱子等进行的包装。外包装必须抗压、防水。为防止机械碰、压损伤果实，包装宜采用浅盘或小塑料盒或小篓，每盘或每篓 2～3 千克，小篓再装入果箱内，每箱装 3 层，共装 6～12 千克。

2. 运输

有条件的可采用机械保温车、空调车运输或空运、船运。汽车、拖拉机、畜力车和人力车只能短途运输。运输时掌握 12 个字，即"快装快运，轻装轻卸，防热防冻"。

（1）快装快运：果实采摘后，只能凭自身部分营养物质的分解，来提供生命活动所需的能量。所以能量消耗越多，果品的质量就越差。运输时间越短，果品损失越少。

（2）轻装轻卸：李果较鲜嫩，稍一碰压，就会发生破损，造成腐烂。因此，装卸时，要像对鸡蛋一样，严格做到轻装轻卸。

（3）防热防冻：以汽车、畜力车、人力车运输李子时，既要防雨淋，也要防日晒。日晒会使果品的温度增高，提高果品的呼吸强度，增加自然损耗。因此，在温度较高时，须注意通风散热。长途运输时间为 2 ~ 3 天时，李子的最高装载温度为 7℃，建议运输温度为 0 ~ 5℃。运输时间为 5 ~ 6 天时，李子的最高装载温度为 3℃。

（五）李子的储藏保鲜

1. 高温储藏

李子采收后用浅果盘盛装，放在室温下，可存放 7 ~ 10 天。通过试验得出，30℃条件下存放的李子，储藏时间比在 20℃条件下延长 1.5 倍。李子的品种较多，品种间差异很大。对于大多数品种，适宜的后熟温度是 18℃。有的品种在 1℃条件下放置数天，可促进后熟，且果实上色多、酸度小、会变软。

2. 低温储藏

李子低温储藏安全期因品种而异。储藏温度 0.5 ~ 1℃，湿度 85% ~ 90%，欧洲李和日本李可以在此温度条件下储藏 20 ~ 28 天。中国李果肉较软，储藏适宜温度是 0 ~ 3℃，如春华李，在 3℃条件下储藏 60 ~ 80 天，一般情况下不会发生冷害。低温储藏时要先将采摘后的李子尽快用冷气流冷却，降低果实温度后再进行低温储藏。

3. 变温储藏

变温储藏也称为间歇加温储藏。采用该法储藏的果实后熟速度比低温储藏略快，但冷害较轻。方法是：将果实在0℃条件下储藏14～15天后，将库温提高到18℃，24小时后将温度再降到0℃。每15天进行1次，直至储藏结束。

4. 气调储藏

李子果实较抗二氧化碳，在不超过8%的情况下，大多数品种无不良影响。有些品种在二氧化碳含量为15%的条件下储藏未见受伤。早熟李品种的适宜气调储藏条件为二氧化碳12%、氧2%、库温2℃，储藏28天后外观良好。锦西秋李为二氧化碳12.5%、氧3%、库温1℃。德国李在0℃条件，相对湿度90%～95%、二氧化碳3%、氧3%，储藏时间为14～42天。美国李气调储藏条件为二氧化碳6%～10%、氧8%～14%、库温0.5～0℃，储藏时间为135天。

李子耐储性的强弱取决于品种，早熟李在良好的储藏条件下只能存放14天，时间再长时，出库后很快发软且缺乏酸味，还常出现褐变。晚熟李可储藏几个月。气调储藏最大的优点在于可改善李的品质，采用冷藏法会使李子变得平淡无味。李子耐高二氧化碳的特性有利于储藏方法的选择，在没有标准气调库的情况下，可因地制宜，利用改良式通风库、冷凉库、冷藏库及冰窖等，结合塑料小包装，或气调大帐进行简易气调储藏，达到储藏保鲜的目的。

5. 减压储藏

减压储藏又称为低压储藏，是气调储藏的改良方法。主要是降低储藏环境中的气体压力，其中也包括降低果实本身放出的乙烯气体的浓度（压力），保持恒定的低压的储藏方法。果实放在耐压密闭的容器中，抽出部分空气，使内部气压降至一定量，并在整个储藏过程中不断换气。换气可通过真空泵、压力调节器和加湿器来完成，使储藏容器内维持新鲜、潮湿的空气。由于空气减少，氧分压低，抑制了果实的呼吸，少量生成的乙烯也随之不断排除。减压结束，取出果实置于空气中时，最初香气较少，在20℃条件下存放一定时间后，可达到果实固有的风味。

参考文献

［1］李树的栽培技术与病虫害防治.百度文库.专业资料.农林牧渔.2012.02.06

［2］王友权.李子树丰产栽培技术.百度文库.专业资料.农林牧渔.林学 2019.

［3］王勇.李子栽培管理技术［J］.现代农业科技,2009（14）：121-121,135.

［4］韩玉辉,王宝侠,王艳红,等.李子丰产栽培技术［J］.内蒙古科技与经济,2009（2）：80,82.

［5］李琳.于铭.李子生产栽培技术［J］.种子世界,2008（7）：52-53.

［6］张富祥.李光翔.李子高产栽培及病虫害防治技术［J］.云南农业,2016（108）.

［7］李峰.李高产栽培技术［M］.南宁：广西科学技术出版社,2003.

［8］黄鹏.李树丰产栽培技术［J］.经济林研究,1997,15（1）：42-43.

［9］田金平.简析李子高产的条件［J］.农业科技,2016.

［10］王伟.李树修剪方法［J］.农业养殖技术,2016.

［11］百度图片.